AF641786

ZEITSCHRIFT FÜR ANGEWANDTE GEOLOGIE

HERAUSGEGEBEN VON
DER STAATLICHEN GEOLOGISCHEN KOMMISSION
UND DER ZENTRALEN VORRATSKOMMISSION
DER DEUTSCHEN DEMOKRATISCHEN REPUBLIK

AUS DEM INHALT

AKADEMIE-VERLAG · BERLIN

BAND 5 / HEFT 5
MAI 1959
SEITE 193–240

INHALT

Die ZEITSCHRIFT FÜR ANGEWANDTE GEOLOGIE berichtet ständig ausführlich über folgende Arbeitsgebiete: Geologische Grundlagenforschung und Lagerstättenforschung / Methodik der geologischen Erkundung / Ökonomie und Planung der geologischen Erkundung / Technik der geologischen Erkundung / Geologie und Lagerstättenkunde im Ausland / Bibliographie, Verordnungen, Richtlinien, Konferenzen, Personalnachrichten

Dem Redaktionskollegium gehören an:
Prof. Dipl.-Berging. BÜHRIG, Nordhausen — Dr. HECK, Schwerin — Prof. Dr. KAUTZSCH, Berlin
Prof. Dr. LANGE, Berlin — Dr. MEINHOLD, Leipzig — Dr. NOSSKE, Leipzig — Prof. Dr. PIETZSCH, Freiberg
Dr. REH, Jena — Prof. Dr. SCHÜLLER, Berlin — Dipl.-Berging.-Geologe STAMMBERGER, Berlin
Prof. Dr. WATZNAUER, Karl-Marx-Stadt
Chefredakteur: Prof. Dr. ERICH LANGE, Berlin

Die ZEITSCHRIFT FÜR ANGEWANDTE GEOLOGIE ist kein Organ einer engen Fachgruppe. Auf ihren Seiten können alle strittigen Fragen der praktischen Geologie behandelt werden. Die Autoren übernehmen für ihre Aufsätze die übliche Verantwortung

Herausgeber: Staatliche Geologische Kommission und Zentrale Vorratskommission für mineralische Rohstoffe der Deutschen Demokratischen Republik. Chefredakteur: Prof. Dr. Erich Lange, Berlin. Redaktion: Berlin N 4, Invalidenstraße 44. Verlag: Akademie-Verlag GmbH, Berlin W 8, Mohrenstraße 39 (Fernsprecher 200386, Postscheckkonto: Berlin 35021). Bestell- und Verlagsnummer des Heftes: 1047/5/5. Die „Zeitschrift für angewandte Geologie" erscheint monatlich. Bezugspreis 2,— DM je Heft. — Satz und Druck: Druckhaus „Maxim Gorki", Altenburg. Veröffentlicht unter der Lizenznummer ZLN 5008 des Ministeriums für Kultur, Hauptverwaltung Verlagswesen. Karten: MdI der DDR Nr. 4653, 4743/K 11. Printed in Germany

1959 erscheint der 4. Band

BERICHTE DER GEOLOGISCHEN GESELLSCHAFT

in der Deutschen Demokratischen Republik

für das Gesamtgebiet der geologischen Wissenschaften

Herausgegeben von der Geologischen Gesellschaft in der Deutschen Demokratischen Republik.

Die „Berichte der Geologischen Gesellschaft in der Deutschen Demokratischen Republik" sind ein Ausdruck des wissenschaftlichen Lebens und des Meinungsaustausches auf dem Gebiet der gesamten geologischen Wissenschaften (Geologie, Mineralogie, Petrographie, Lagerstättenkunde, Geophysik und Paläontologie).

Autoren der verschiedensten Fachgebiete aus der Deutschen Demokratischen Republik, die als Mitarbeiter der staatlichen Geologischen Kommission, der Deutschen Akademie der Wissenschaften zu Berlin und der geologischen Hochschulinstitute maßgeblich an der geologischen Forschung beteiligt sind, berichten in Originalarbeiten über neue geologische Untersuchungen und Ergebnisse. Des weiteren werden auch Beiträge von Autoren aus der Bundesrepublik und aus dem Ausland veröffentlicht.
Die Berichte der Geologischen Gesellschaft geben ferner Auskunft über die Jahreshauptversammlungen und Exkursionstagungen. Sie werden ergänzt durch Referate, Buchbesprechungen und Würdigungen verdienter Wissenschaftler.

Jedes Heft ist durch Textabbildungen, Tafeln und Karten reich illustriert.

Erscheinungsweise viermal jährlich mit einem Umfang von 120 Seiten im Format 17 x 24 cm, mit Abbildungen. Bezugspreis je Heft DM 10,—; je Doppelheft DM 20,—.

Bestellungen durch eine Buchhandlung erbeten

AKADEMIE-VERLAG GMBH · BERLIN W 8

AUSWAHL ERSCHIENENER BEITRÄGE:

N. I. BUJALOW:	Erdölprobleme in der Deutschen Demokratischen Republik
R. GRAHMANN:	Ausdehnung und Bewegungsrichtung des Inlandeises in Sachsen
W. KRUTZSCH:	Sporenpaläontologische Untersuchung in der sächsisch-böhmischen Kreide und die Gliederung der Oberkreide auf mikrobotanischer Grundlage
K. PIETZSCH:	Zur Frage der Ausbildung des Devons und der jungkaledonischen Diskordanz in Mittel- und Ostsachsen
K. H. SCHEUMANN:	Die metatektisch veränderten Granulite des westlichen Granulitgebirges und ihr Mineralbestand
A. SCHULLER:	Bericht über die geologisch-petrographische Exkursion durch das Paläozoikum und die kristalline Scholle von Wildenfels bei Zwickau
W. SCHRIEL:	Assyntische Granitmassive im Untergrund des Subherzyns
W. SCHWAN:	Zur tektonischen Stellung der sächsischen Zwischengebirge

DEMNÄCHST ERSCHEINENDE BEITRÄGE:

R. GRÄBE:	Oberdevon und Unterkarbon am NW-Rand des Bergaer Sattels
W. I. GROMOW / I. I. KRASNOW / K. K. NIKIFOROWA:	Grundprinzipien der stratigraphischen Gliederung des Quartärs sowie Bemerkungen zur unteren Grenze dieses Systems
L. HIERSEMANN:	Untersuchungen der hydrologischen Verhältnisse im Raum südlich von Greifswald durch geoelektrische Messungen
W. HOPPE:	Die zyklische Gliederung des Buntsandsteins in Thüringen
H. KÖLBEL:	Stand und Ergebnisse der Kartierung des tieferen Untergrundes Norddeutschlands und angrenzender Gebiete
R. MEINHOLD:	Salzbewegung und Tektonik in Norddeutschland
G. OLBERTZ-WEHRLI:	Neue Bearbeitung der Rügener Kreide-Foraminiferen
H. SÄRCHINGER:	Geomagnetische Untersuchungen im Mittelharz und ihre geologische Aussage

BEZUGSMÖGLICHKEITEN:

in der Deutschen Demokratischen Republik
durch eine Buchhandlung

in der Deutschen Bundesrepublik
durch eine Buchhandlung oder die Auslieferungsstelle KUNST UND WISSEN, Erich Bieber, Stuttgart S, Wilhelmstraße 4-6

bei Wohnsitz im Ausland
durch eine Buchhandlung, den Deutschen Buch-Export und -Import, GmbH, Leipzig C 1, Postschließfach 276, oder direkt vom Verlag

LESERKREIS:

Akademien, Universitäten, Institute und Geologische Dienststellen

Akademie-Verlag GmbH · Berlin W 8 · Mohrenstraße 39

Ag 05/0176/59/5000/82/2815 Volksdruckerei Eberswalde 1-2-9 415

ZEITSCHRIFT FÜR ANGEWANDTE GEOLOGIE

CHEFREDAKTEUR: PROF. DR. E. LANGE

BAND 5 MAI 1959 · HEFT 5

Der XXI. Parteitag der KPdSU und die mineralische Rohstoffbasis der UdSSR

ERICH LANGE, Berlin

In dem Referat von N. S. CHRUSCHTSCHOW auf dem XXI. Parteitag der KPdSU und in den vielen Diskussionsbeiträgen zu seinen Ausführungen über die Kontrollziffern für die Entwicklung der Volkswirtschaft der UdSSR in den Jahren 1959 bis 1965 wird des öfteren auf die schnelle Erweiterung der mineralischen Rohstoffbasis hingewiesen. Wir bringen daher im folgenden eine kurze Auswahl einiger dieser wichtigen Feststellungen, die besonders uns Geologen interessieren.

Der Geologe soll der wissenschaftliche Pionier sein, der alle jene zahlreichen Rohstoffe in immer besserer Qualität und steigender Quantität erkundet, die dann weitgehend die Umstellung technischer Prozesse und die ökonomische Entwicklung beeinflussen. Große Aufgaben stehen daher, wie CHRUSCHTSCHOW betonte, vor den Wissenschaftlern, die auf den verwandten Gebieten der Chemie, der Metallurgie und der Geologie künftig kollektiv arbeiten werden. Für sie alle gilt: „Es muß kühner experimentiert und konstruiert werden."

In seinem Diskussionsbeitrag drückte M. A. SUSLOW diesen Gedanken ähnlich aus: „Kühne schöpferische Arbeit, die auf der theoretischen Zusammenfassung der reichen praktischen Erfahrungen beruht, ist heute eine Lebensnotwendigkeit."

Lagerstätten, die im Innern der Erde ruhen, sind Bodenschätze. Der Geologe hat die Aufgabe, sie mit allen ihm zur Verfügung stehenden modernen Hilfsmitteln zu finden, zu erkunden und zur industriellen Auswertung vorzubereiten. So werden die toten mineralischen Rohstoffe zu Produktionsmitteln, die dem Staat, der Gesellschaft und allen ihren Menschen Wohlstand bringen. Diese von den Geologen aufgefundenen und erkundeten Lagerstätten mineralischer Rohstoffe bilden dann die Grundlage, auf der sich neue Betriebe und Industriezentren entwickeln oder sich gar eine neue Standortverteilung der Industrieschwerpunkte ergibt.

Der Präsident der Akademie der Wissenschaften der UdSSR, A. N. NESMEJANOW, faßte in seinem Diskussionsbeitrag die Erfolge der geologischen Wissenschaft folgendermaßen zusammen:

„Sehr bedeutsame Erfolge hat die sowjetische Geologie bei der Schaffung der Mineralrohstoffbasis unseres Landes aufzuweisen. Diese Ergebnisse haben sich fruchtbringend auf die Fundierung des grandiosen Siebenjahrplanes ausgewirkt, dessen höchst wichtige Aufgabe u. a. darin besteht, die reichen Naturschätze intensiv in das Wirtschaftsleben einzubeziehen. In verstärktem Maße sollen künftig theoretische Fragen der Geologie behandelt werden; dabei sollen die sehr umfangreichen faktischen Unterlagen mit dem Ziele bearbeitet werden, die Gesetzmäßigkeiten der Entstehung und Verteilung der Bodenschätze auf dem Territorium der UdSSR aufzudecken. Auf diesem Wege muß der Nutzeffekt der geologischen Prospektierungsarbeiten maximal erhöht und ein wesentliches Anwachsen der erschlossenen Vorkommen an Erdöl, Erdgas, leicht aufzubereitenden Eisen- und Nichteisenerzen und anderen Bodenschätzen erreicht werden, deren Lagerstätten ökonomisch günstige Bedingungen bieten."

Energie ist die Antriebskraft der modernen Industrie. Daher ist die *Modernisierung und Umformung der Energiebasis der Sowjetunion*, die das Fundament für den technischen Fortschritt während des Siebenjahrplanes abgeben wird, von grundlegender Bedeutung. CHRUSCHTSCHOW führte hierzu aus:

„Im Siebenjahrplan wird die Rohstoff- und Energiebasis des europäischen Teiles der Sowjetunion bedeutend gestärkt. Überaus reiche Vorkommen an Erdöl und Erdgas ermöglichen es, die *Brennstoffbilanz umzugestalten* und die Zufuhren von Kohle über Tausende von Kilometern aus dem Kusbass und aus Karaganda einzustellen."

Zur Frage der Rentabilität dieses Modernisierungsprozesses teilte CHRUSCHTSCHOW mit:

„Die Gesamtersparnisse, die aus der Verwendung von Erdgas und Erdöl an Stelle von Kohle resultieren, werden sich im Laufe des Siebenjahrplanes auf mehr als 125 Milliarden Rubel belaufen. Das ist ebensoviel, wie für den Bau sämtlicher Kraftwerke sowie für die Anlage des Stromnetzes und der Leitungen vorgesehen ist."

Der prozentuale Anteil von Erdöl und Erdgas an der Energiebilanz der Sowjetunion wird von 31 auf 51% anwachsen, die Verwendung von Kohle wird von 60 auf 43% zurückgehen.

Trotz dieses prozentualen Rückgangs wird die Kohlenproduktion im Laufe des Siebenjahrplanes um 20–23% erhöht werden. Dabei wird man sich auf die Förderung von Kokskohlen (Donez, Kusbass, Karaganda) und auf möglichst im Tagebau leicht zu gewinnende Heizkohlen für die Stromerzeugung in den östlichen Landesteilen konzentrieren.

Vorrangig werden Wärmekraftwerke auf der Energiebasis von Erdgas, Masut und billig zu fördernder Kohle gebaut werden. Obwohl das Tempo im Bau von Wasserkraftwerken etwas verlangsamt wird, werden die Giganten von Bratsk mit einer Leistung von 3,6 Mio kW, Stalingrad mit 2,53 Mio kW, Krasnojarsk mit 2,53 Mio kW und andere während des Siebenjahrplanes gebaut werden.

Erdgas ist der billigste primäre Energieträger. CHRUSCHTSCHOW führte als Beispiel der Vorteile, die die Erdgasverwendung mit sich bringt, die Entwicklung der *Energieversorgung Moskaus* an:

„Moskau verbraucht gegenwärtig im Jahr 4 Milliarden Kubikmeter Gas und rund 6 Millionen Tonnen Kohle. Bis zum Ende des Siebenjahrplanes wird sich die Gaslieferung für die Hauptstadt auf etwas über 13 Mrd. m^3 erhöhen, und der Kohleverbrauch wird auf 700000 t jährlich zurückgehen. Das führt im Laufe der 7 Jahre zu einer Einsparung von etwa 5 Mrd. Rubel."

Im Ural, so führt CHRUSCHTSCHOW weiter aus, wird der Bedarf an Kohle, die mit Eisenbahntransporten belastet ist, auf knapp die Hälfte zurückgehen. Am Ende des Siebenjahrplanes wird der Ural 25–27 Milliarden Kubikmeter Erdgas durch Fernleitungen aus Usbekistan, dem Wolga-Gebiet und der Komi-ASSR erhalten. Die Verwendung von Erdgas in der Industrie des Ural wird für diese eine Ersparnis von 1,4 Mrd. Rubel bedeuten.

Der Delegierte aus Swerdlowsk forderte deshalb in seinem Diskussionsbeitrag, daß die Verlegung der Ferngasleitungen nach dem Ural möglichst beschleunigt werde:

„Bei Ausnutzung der örtlichen Verhältnisse könnten wir, wenn wir in den nächsten Jahren auf der Grundlage von gasförmigen und flüssigen Brennstoffen billige Energie erhalten, die Aluminium- und Kupfererzeugung in den vorhandenen Betrieben bei relativ geringem Aufwand mindestens verdoppeln. Dabei würden die Selbstkosten niedriger sein, als sie für neue Betriebe geplant sind."

Die Roheisenproduktion wird bis 1965 auf 65 bis 70 Mio t, die Stahlproduktion auf 86–91 Mio t ansteigen. Es werden Hochöfen mit 2000 und 2286 m^3 Fassungsvermögen und Martin-Öfen für 500 und mehr Tonnen gebaut werden. Die durchschnittliche Roheisenerzeugung eines Hochofens wird von 341000 t im Jahr 1958 auf 543000 t im Jahre 1965 gesteigert werden.

Nach CHRUSCHTSCHOW ist „vorgesehen, eine große Anzahl von Martin- und Vorwärme-Öfen auf eine *neue Methode zur Ausnutzung von Erdgas und Sauerstoff* umzustellen".

PODGORNY, Delegierter aus der Ukrainischen SSR, führte hierzu Näheres aus:

„Ein überzeugender Beweis dafür sind die Arbeitsmethoden der Hochöfner der Ukraine, die erstmals in der Welt bei der Roheisengewinnung Erdgas angewandt haben. Heute arbeiten in der Republik schon mehrere Hochöfen[1]) nach diesem Verfahren. Im Laufe des Jahres 1959 wird sich ihre Anzahl auf mehr als das Doppelte erhöhen. Davon wird folgender Nutzeffekt erwartet: Der Koksverbrauch wird sich um mehr als 1 Million Tonnen verringern, die Roheisenerzeugung wird um etwa 350000–400000 t ansteigen, und die gleichzeitigen Einsparungen werden sich auf fast 150 Mio Rubel belaufen."

Auf diese Weise wird durch die Auswertung des Erdgases *in der Hüttenindustrie der volkswirtschaftliche Nutzeffekt der Investitionen* erhöht.

[1]) In den 3 Hüttenwerken am Dnepr: „Petrowsk", „Dsershinski", „Saproshstal".

Die Eisenerzförderung wird im Gebiet der Kursker Magnetanomalie und im Revier Kriwoi Rog erhöht werden. Die Bergleute des Revieres Kriwoi Rog lieferten 1958 über 50% des in der Sowjetunion geförderten Eisenerzes. Die fünf großen Aufbereitungskombinate, die im Revier von Kriwoi Rog gebaut werden sollen, werden jährlich 25 Mio t Eisenerzkonzentrat liefern. Bis zum Ende des Siebenjahrplanes wird die jährliche Förderung von Handelserz auf 150–160 Mio t ansteigen. Das billigste Roheisen wird sich aus den im Tagebau gewinnbaren Erzen von Angara Pit (Krasnojarsker Gebiet) herstellen lassen.

Ein Delegierter aus der Kasachischen SSR stellte fest:

„Kasachstan nimmt einen der ersten Plätze in der Sowjetunion in bezug auf die Produktion von Blei, Zink, Schwarzkupfer und anderen Erzeugnissen ein. ... Kasachstans Einwohnerschaft ist nur halb so groß wie die der Türkei; aber Kasachstan erzeugt anderthalbmal mehr Stahl, viermal mehr Strom und fünfmal mehr Kohle als die Türkei."

Die Eisenerzförderung Kasachstans soll während des Siebenjahrplanes auf das 6,3fache erhöht werden. Geplant ist die Inbetriebnahme des Erzaufbereitungs-Kombinates von Sokolowo-Sarbai, das mit einem Jahresdurchsatz von 26 Mio t Eisenerz das größte des Landes sein wird.

CHRUSCHTSCHOW unterstrich, daß der Ausstoß der *chemischen Industrie* in den nächsten 7 Jahren verdreifacht werden wird:

„Die chemische Industrie wird sich auf einer *völlig neuen Grundlage* entwickeln, wobei der *billigste Rohstoff* — Erdgas und Raffineriegase — verwendet werden sollen."

Über die Modernisierung der Düngemittelherstellung im Stalinogorsker-Chemiekombinat teilte der Delegierte aus Tula mit, daß zur Ammoniakherstellung bisher nur Hüttenkoks aus dem Ural verarbeitet wurde. Durch die Umstellung auf Erdgas sind die *Herstellungskosten auf die Hälfte* gesunken. Die vorgesehenen Investitionen konnten um 30% verringert werden. Bemerkenswert ist, daß die Umstellung des Werkes einschließlich des Baues von 2 Methan-Konvertern und einer 56 km langen Gasleitung nur 10 Monate in Anspruch nahm. Im Gebiet von Tula wird gleichzeitig die Förderung der dort im Tiefbau gewonnenen Braunkohle (3500 bis 4000 kcal/t) um etwa 30% zurückgehen.

Aus Baschkirien teilte der 1. Sekretär des Bezirkskomitees u. a. mit:

„In besonders raschem Tempo werden sich solche Industriezweige entwickeln wie die chemische, die Erdöl- und die Gasindustrie. Die Inbetriebnahme der im Siebenjahrplan vorgesehenen Kapazitäten wird es ermöglichen, daß in unseren Betrieben im Jahre 1965 Hunderttausende Tonnen von Plasten und synthetischen Kautschukarten, Alkoholen, Kunstfasern und Grundstoffen für ihre Produktion, Waschmittel, Schwefelsäure und Schwefel hergestellt werden. Zehntausende Tonnen wird die Kapazität der Produktion von Phenol, Azeton und verschiedenen Lösungsmitteln betragen. Im Jahre 1965 werden die chemische, die Erdöl- und die Gasindustrie einen erheblichen Teil der gesamten Bruttoproduktion der Republik bestreiten. Allein die Herstellung von synthetischem Alkohol und künstlichem Kautschuk wird es ermöglichen, im Jahre 1965 nahezu 150 Millionen Pud Nahrungsmittelgetreide einzusparen. Durch die Erfüllung des Siebenjahrplanes wird Baschkirien nicht nur zu *einer Republik des Erdöls*, sondern auch zu *einem Land der Großchemie.*"

Plaste, synthetischer Kautschuk und Kunstfasern lassen sich am rentabelsten auf der Basis von Kohlenwasserstoffgasen herstellen. Über diese petrochemischen Produkte teilte A. N. KOSSYGIN in seiner Diskussionsrede mit:

„Die Selbstkosten der neuen polymeren Stoffe sinken schneller als die der Nichteisenmetalle. So konnten beispielsweise die Selbstkosten bei Kupfer in der Zeit von 1950—1957 um 6,4%, die Selbstkosten von Kapron hingegen um 25% reduziert werden. Bei einer entsprechenden Entwicklung der Produktion von Polymeren wird es erheblich vorteilhafter sein, zahlreiche Erzeugnisse und Maschinenteile nicht mehr aus Nichteisenmetallen, sondern aus polymeren Stoffen herzustellen. *Aus einer Tonne polymerer Stoffe kann man infolge ihres geringen spezifischen Gewichtes fast das 6fache an Einzelteilen gegenüber der Verwendung von NE-Metallen herstellen.*"

Das bedeutet nicht etwa, daß die Gewinnung von Nichteisenmetallen zurückgehen wird. Im Gegenteil werden in allen dafür geeigneten Revieren die geologischen Erkundungsarbeiten nach Erzen der Nichteisenmetalle und der Seltenen Elemente verstärkt werden. Das gilt auch für alle sonstigen mineralischen Rohstoffe, soweit sie z. Z. technisch verwendbar sind. Lediglich in den Proportionen, in denen die einzelnen Grundstoffe Verwendung finden, treten erhebliche Schwankungen und Verschiebungen ein, wie wir dies bei Betrachtung (s. Abb.) der Anteile von Kohle und Erdöl/Erdgas innerhalb der Energiebilanz bereits klargelegt haben.

Diese Veränderungen müssen bei Projektierungen beachtet werden. KOSSYGIN forderte deshalb:

„Die Volkswirtschaftsräte und Entwurfsinstitute dürfen *die in den Projekten getroffenen technischen Lösungen nicht als feste Größe betrachten.* Es gilt, kühn an die Ausarbeitung neuer, fortschrittlicher Projekte heranzugehen, selbst wenn in einigen Fällen eine grundlegende Veränderung früher angenommener Projekte und Lösungen erforderlich wird. Wenn das nicht systematisch getan wird, dann *bleibt das technische Niveau unserer Betriebe zurück.*"

Man wird sich auch der Ansicht des Moskauer Delegierten B. J. USTINOW voll anschließen müssen, der verlangte:

„Wir sind der Ansicht, daß in der Organisierung der Forschungsarbeiten die notwendige Ordnung geschaffen werden muß, daß der parallelen Arbeit verschiedener wissenschaftlicher Institutionen ein Ende gesetzt werden muß und die wissenschaftlichen Fachkräfte richtiger für die Lösung der der Volkswirtschaft gestellten technischen Aufgaben eingesetzt werden müssen."

Das Akademiemitglied M. A. LAWRENTJEW betonte:

„Was sich unter unseren Füßen in der Erde befindet, ist uns noch fast unbekannt. Die tiefsten Bohrlöcher erreichen rund 8000 m Tiefe. Wir kennen noch nicht einmal den Arbeitsmechanismus der Vulkane und der Geysire, den Entstehungsmechanismus der Thermalquellen. *Die Erforschung des Erdinnern hat gewaltige prinzipielle und praktische Bedeutung.* Dabei handelt es sich

Die Brennstoffindustrie

Kapitalistische Länder Europas — Sowjetunion

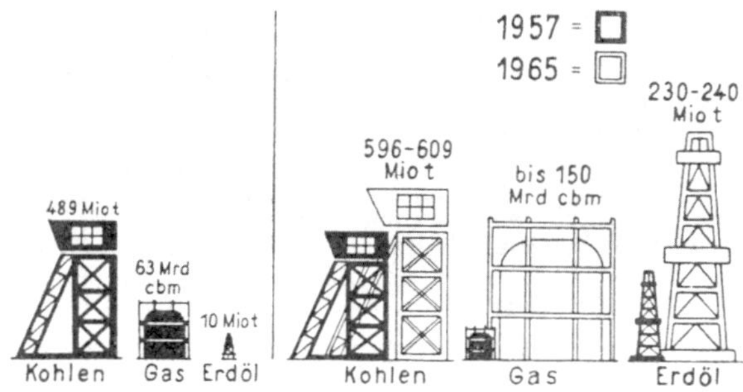

nicht nur um das Interesse des Wissenschaftlers, sondern es geht dabei um *neue Methoden bei der Suche nach Bodenschätzen.*"

Dieser kurze Auszug aus den alle Gebiete der Technik und der Wissenschaft umfassenden Materialien des XXI. Parteitages der KPdSU sollte unseren fortschrittlichen Geologen in der DDR Veranlassung geben, die Thesen und Diskussionsbeiträge[2]) in ihrer Gesamtheit genauestens zu studieren; denn die ökonomische Entwicklung, die der Parteitag der sowjetischen Wirtschaft und Wissenschaft für die kommenden 7 Jahre vorzeichnet, wird auch an der Weiterentwicklung unserer eigenen Wissenschaft und Technik nicht spurlos vorübergehen.

Für uns Geologen der DDR erscheint gerade der Ausspruch von LAWRENTJEW von besonderer Bedeutung. Kennen wir doch z. B. den Untergrund von Berlin nur an wenigen Punkten bis zu 500 oder 600 Meter Tiefe. Was darunter liegt, d. h. die Stockwerke, in denen wir Kondensate und Erdgase zu erwarten haben, sind unerforscht und vollkommen unbekannt. Wir leben in einem gashöffigen Gebiet, wir kennen zahlreiche Fundpunkte von „Erdgasspuren", haben aber bisher versäumt, ihnen mit neuen Methoden energisch nachzugehen und größere Akkumulationen von wirtschaftlichem Wert aufzufinden. Es sollte daher eine wichtige Folgerung aus den Thesen CHRUSCHTSCHOWS und den geführten Diskussionen sein: Alles nur Mögliche zu tun, um unsere ungenügende Energiebasis durch die Bereitstellung und Darbietung von ins Gewicht fallenden Erdgasmengen zu erweitern. Das Erdgas, unser am rentabelsten zu gewinnender Energieträger, muß in unserer Republik zu einem ähnlichen Faktor in der Energiebilanz wie in der Sowjetunion werden.

Der XXI. Parteitag der KPdSU wirkt durch seine Beschlüsse weit über die Grenzen der Sowjetunion hinaus. Die Realisierung des von ihm festgelegten Siebenjahrplanes wird auf die Gestaltung des Weltbildes entscheidenden Einfluß haben. Der Siebenjahrplan wird ein Tempo der wirtschaftlichen Entwicklung im gesamten sozialistischen Lager gewährleisten, wie es in keinem kapitalistischen Land erreicht werden kann. Aufgabe der Mitarbeiter der Staatlichen Geologischen Kommission und ihrer nachgeordneten Organe wie aller Wissenschaftler der Deutschen Demokratischen Republik ist es, an der Verwirklichung dieser großen Ziele zum Nutzen aller Deutschen und der Werktätigen der ganzen Welt mitzuarbeiten.

[2]) „Die Presse d. Sowjetunion", Berlin 1959, H. 13—19, S. 249—479.

Zum 100. Todestag ALEXANDER VON HUMBOLDTs

am 6. Mai 1959

„Man kann sagen, er hat an Kenntnissen und lebendigem Wissen nicht seinesgleichen. Und eine Vielseitigkeit, wie sie mir gleichfalls noch nicht vorgekommen ist! Wohin man rührt, er ist überall zu Hause und überschüttet uns mit geistigen Schätzen. Er gleicht einem Brunnen mit vielen Röhren, wo man überall nur Gefäße unterzuhalten braucht und wo es uns immer erquicklich und unerschöpflich entgegenströmt."

(GOETHE im Gespräch mit ECKERMANN, Dezember 1826)

Wenige Monate vor Vollendung seines 90. Lebensjahres starb ALEXANDER VON HUMBOLDT, einer der bedeutendsten Gelehrten, die das deutsche Volk hervorgebracht hat. Aus seiner Arbeit an der Vollendung des „Kosmos, Entwurf einer physischen Weltbeschreibung" herausgerissen, erlosch mit ihm ein weithin leuchtender Genius der Wissenschaft.

H. KLENCKE, der kurz nach dem Tode HUMBOLDTs eine Biographie des berühmten Naturforschers veröffentlichte, schrieb über die Anteilnahme der Bevölkerung Berlins an den Trauerfeierlichkeiten für den Nestor der Naturwissenschaften: „Aber nicht der Glanz des Leichenbegängnisses ... war es, welcher das gesamte Volk Berlins, bis zum geringsten Arbeiter herab, auf den Weg des Trauerzuges lockte und es hier veranlaßte, entblößten Hauptes den Toten zu erwarten, nein, es war das allgemeine Gefühl, daß ein Mensch gestorben sei, dem die gesamte Menschheit einen großen Teil ihres geistigen Fortschrittes verdanke."

Der nach seinen intensiven Studien in Frankfurt, Göttingen und Freiberg vor allem durch seine Reisen in Süd- und Mittelamerika bekannt gewordene ALEXANDER VON HUMBOLDT gehört mit zu den Wegbereitern der wissenschaftlichen Geologie. Seine Tätigkeit in der preußischen Bergbauverwaltung und die Auswertung der überreichen Fülle von Eindrücken und Beobachtungen seiner späteren Forschungsreisen in enger Verbindung mit den führenden Köpfen der Wissenschaft wirkten sich auch auf die Entwicklung der Geologie aus.

H. SCURLA[1]) sagt in seiner Biographie über HUMBOLDT: „Er bahnte der Naturwissenschaft den Weg, sicherte ihr die Gleichberechtigung neben Metaphysik und Theologie und vollstreckte das Erbe der Aufklärung,

Bildausschnitt mit Widmung HUMBOLDTs für F. RAMIREZ, 1855

indem er die unwissenden, sich ihrer Unwissenheit bewußt gewordenen Menschen aus der von Staat und Kirche vorsätzlich konservierten Verdummung befreien half, sie gemeinverständlich belehrte und das Wissen um die Natur zu einer Macht erhob, deren die Menschheit bedurfte, um dem Ruf derer zu folgen, die sie aus der Versklavung befreien wollten."

[1]) H. SCURLA: Alexander von Humboldt, Verlag der Nation, Berlin 1955.

Über gegenseitige Beeinflussungen sich kreuzender Gangspalten im Brander Revier, Abt. Himmelsfürst

MANFRED KRAFT & RUDI SEIFERT, Freiberg

1. Aufgabenstellung

Bei den Erkundungsarbeiten im Brander Revier stießen wir beim Anfahren von Gangkreuzen wiederholt auf Schwierigkeiten. Diese äußerten sich teils in Verwerfungen von Gangspalten, teils in Beeinflussungen der vererzten Mächtigkeit des einen oder anderen Ganges. So konnte verschiedentlich beobachtet werden, daß eine mächtige Gangspalte im Liegenden oder Hangenden einer durchsetzenden Spalte nur noch als Kluft ausgebildet ist. Von allen Bearbeitern der Freiberger Lagerstätten sind derartige Beeinflussungen der Gangspalten untereinander beschrieben worden, ohne daß jedoch versucht wurde, Gesetzmäßigkeiten abzuleiten. In vorliegender Untersuchung soll daher versucht werden, an Hand eines umfangreichen Dokumentationsmaterials rein statistisch evtl. bestehende Gesetzmäßigkeiten zu finden. Eine solche Untersuchung schien angebracht, da sich ein positives Ergebnis vorteilhaft auf unsere weiteren Erkundungsarbeiten anwenden läßt.

Aus unserem gesamten Dokumentationsmaterial wurden alle Gangkreuze herausgezogen. Die statistische

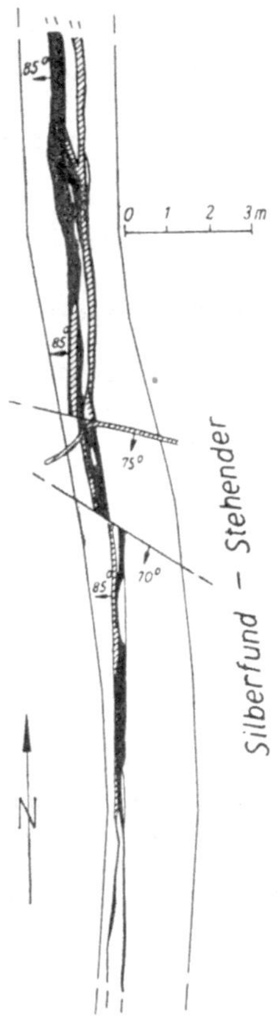

Abb. 1. Gangkreuz des Silberfund Stehenden (s_1) mit s_2-Spalten; 17. Gezeugstrecke

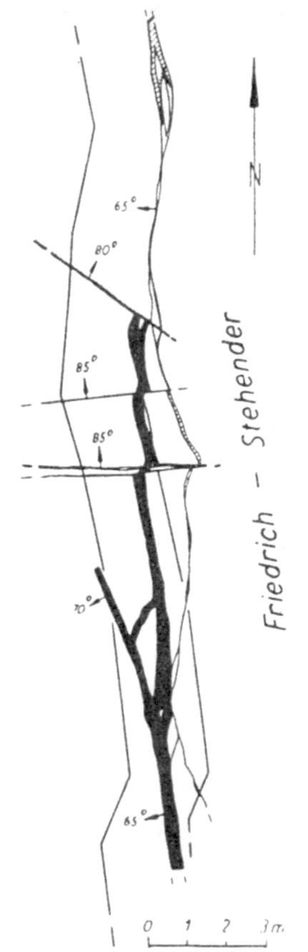

Abb. 2. Gangkreuz des Friedrich Stehenden (F_1) mit s_2-Spalten; 15. Gezeugstrecke

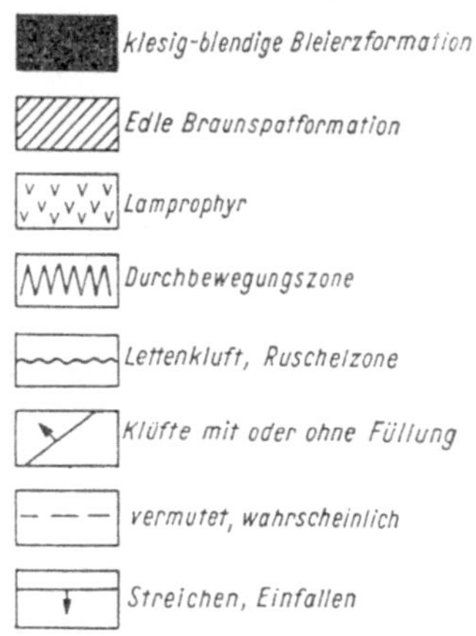

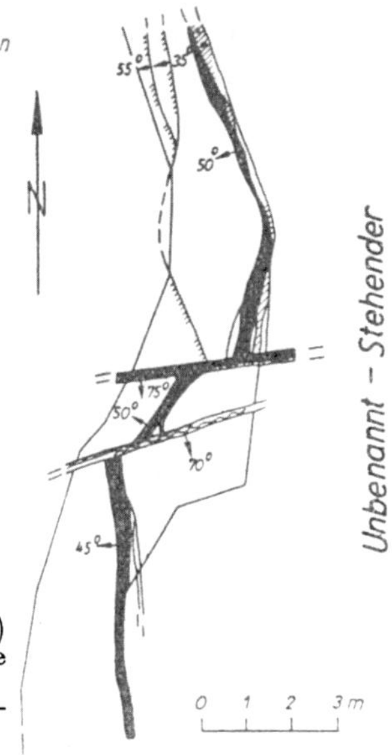

Abb. 3. Gangkreuz des Unbenannt Stehenden (F_1) mit s_2-Spalten; 11. Gezeugstrecke

(Die Legende gilt für alle Abbildungen des Beitrages)

Auswertung erfolgte in tabellarischer Form, indem alle Meßwerte bestimmter Gangkreuzsysteme zusammengefaßt wurden.

Im Raum Freiberg treten bekanntlich verschiedene Spaltenrichtungen auf, die sich nach BAUMANN zu zwei Spaltensystemen zusammenfassen lassen:

1 s_1 = Scherspalten in SW—NO mit steilem Einfallen nach NW

F_1 = Fiederspalten zu s_1 in N—S mit flachem Einfallen nach W

2 s_2 = Scherspalten in O—W mit steilem Einfallen nach N und S

F_2 = Fiederspalten zu s_2 in SO—NW mit flachem Einfallen nach SW

Tabelle der Meßergebnisse

	Kreuzungssystem		Zahl der Messungen	ohne Verwerfung	Zahl der Verwerfer	Verwerf.-Betrag Φ	Bewegungsrichtung am Verwerfer: Abschiebung Hgd. gesenkt	Bewegungsrichtung am Verwerfer: Blattverschbg. E.-W. Bew.	Mächtigkeitsausbildung: Lgd. +	Mächtigkeitsausbildung: Hgd. +	Mächtigkeitsausbildung: gleiche Ausbildung
1	*) <u>s_2</u> : s_1	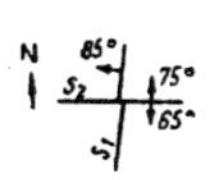	13	10	3	0,13 m	100%	–	31%	7%	62%
2	<u>s_2</u> : F_1	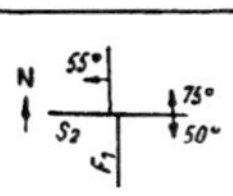	33	9	24	1,07 m	96%	4%	42%	19%	39%
3	<u>F_1</u> : s_1	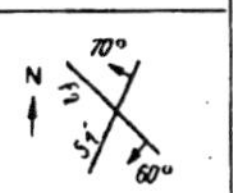	10	9	1	0,01 m	100%	–	10%	50%	40%
4	<u>F_2</u> : F_1	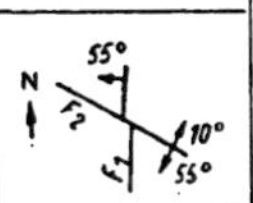	42	11	31	1,84 m	87%	13%	55%	24%	21%
5	<u>s_1</u> : F_1	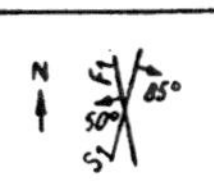	2	1	1	0,6 m	100%	–	50%	–	50%
			100	40	60		97%	3%	38%	20%	42%

1*) Unterstrichen = Verwerfer

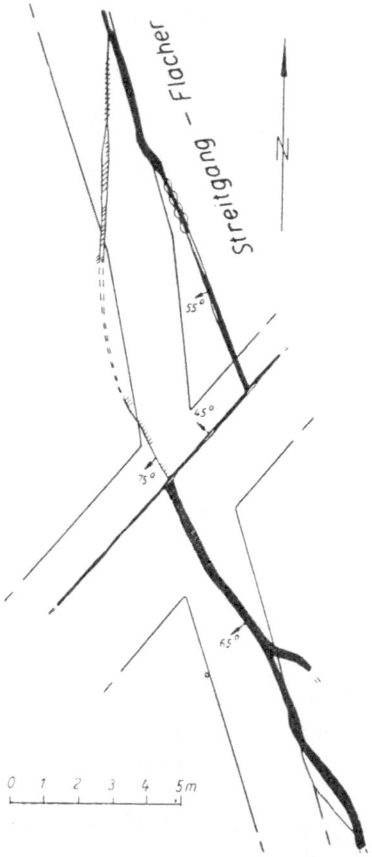

Abb. 4. Gangkreuz des Streitgang Flachen (F_1) mit s_2-Spalten; 14. Gezeugstrecke

Es erschien daher notwendig, die gegenseitige Beeinflussung von Gangspalten verschiedener Richtung nicht nur allgemein, sondern auch in bezug auf ihre Richtung zu betrachten, wie dies im folgenden geschehen ist.

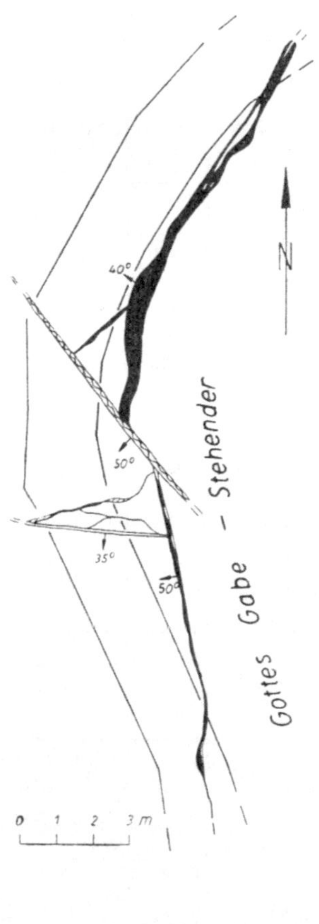

Links:

Abb. 5. Gangkreuz des Gottes Gabe Stehenden (F_1) mit F_2-Spalten; 14. Gezeugstrecke

2. Statistische Auswertung der Gangdokumentationen und Darstellung der Ergebnisse

Von der verwerfenden Spalte oder Kluft aus wurde die mittlere Mächtigkeit jedes Ganges über eine streichende Länge von 10 m ins Liegende und Hangende errechnet. Alsdann wurde die mittlere Mächtigkeit im Liegenden der durchsetzenden Spalte bzw. des Verwerfers ins Verhältnis zur mittleren Mächtigkeit im Hangenden gesetzt. In der Tabelle wurden nur die positiven Verhältniszahlen der Mächtigkeiten (gekennzeichnet als +) verwendet.

In der beigefügten Tabelle sind alle Meßergebnisse nach den einzelnen Gangkreuzsystemen und insgesamt dargestellt.

Anfangs muß noch hervorgehoben werden, daß die Spalten des 2. Gangsystems (s_2 und F_2) in der Abteilung Himmelsfürst in der untersuchten Teufe im allgemeinen nicht mineralisiert sind, weshalb Mächtigkeitsangaben bei ihnen in der Tabelle stets fehlen.

Kreuzungssystem $s_2 : s_1$ (1 der Tabelle)

Verwerfungen von Gangspalten des s_1-Systems durch das s_2-System sind nur vereinzelt zu beobachten und dann ohne praktische Bedeutung, da der Verwerfungsbetrag infolge des steilen Einfallens beider Spaltenrichtungen nur gering ist. Bei 97% aller Fälle handelt es sich nämlich um Abschiebungen, d. h. der hangende Flügel ist (vom Verwerfer aus betrachtet) entlang der

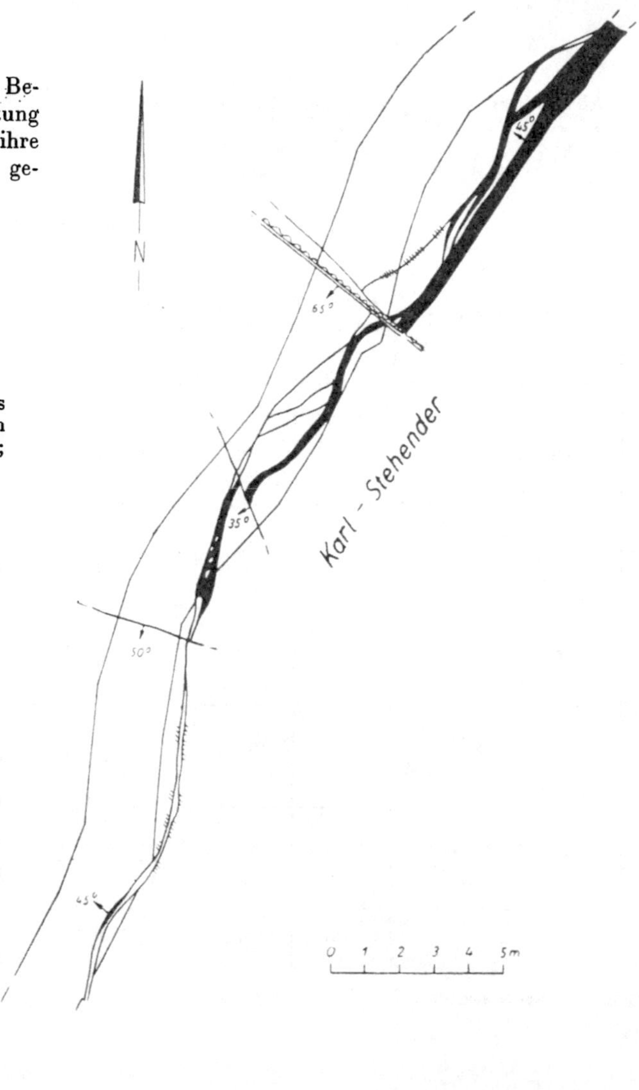

Rechts:

Abb. 6. Gangkreuz des Karl Stehenden (F_1) mit F_2-Spalten; 15. Gezeugstrecke

Verwerfungsfläche s_2 abgesunken. Bei steilem Einfallen der Spalten — wie im vorliegenden Kreuzungssystem — ergibt sich daher, wie oben bereits festgestellt, nur ein geringer horizontaler Verwerfungsbetrag. Demgegenüber läßt sich aber eine Beeinflussung der Gangmächtigkeit der s_1-Spalten durch die tauben s_2-Spalten feststellen. So konnten in 31% aller Fälle im Liegenden der s_2-Spalten bessere Gangmächtigkeiten gegenüber nur 7% im Hangenden ermittelt werden. In den meisten Fällen ist jedoch hier keine Beeinflussung zu erkennen.

Kreuzungssystem $s_2 : F_1$ (2 der Tabelle)

Gangkreuze von Spalten des s_2- und F_1-Systems treten neben denen unter Pkt. 4 der Tabelle am häufigsten auf, da unsere Auffahrungen vorwiegend auf den Fiederspalten (F_1) liegen.

In den meisten Fällen wirken die meist tauben s_2-Spalten als Verwerfer auf die vererzten F_1-Spalten, wobei im Durchschnitt ein Verwerfungsbetrag von 1 m gemessen wurde. In 96% aller Fälle handelt es sich um Abschiebungen, wie sie bereits unter Pkt. 1 beschrieben wurden. Der Rest sind Horizontalverschiebungen in dem Sinne, daß die vererzte Gangspalte im Hangenden des s_2-Verwerfers nach West verworfen erscheint.

Die Mächtigkeit der F_1-Spalten zeigt die gleiche Abhängigkeit wie unter Pkt. 1, d. h. diese Spalten zeigen im Liegenden der kreuzenden s_2-Spalten größere Mächtigkeiten.

Kreuzungssystem $F_2 : s_1$ (3 der Tabelle)

Analog zu Pkt. 1 läßt sich feststellen, daß die mineralisierten s_1-Spalten von den unvererzten F_2-Spalten kaum verworfen werden. Hinsichtlich der Mächtigkeitsausbildung wirkt sich hier der Einfluß der F_2-Spalten auf die NO—SW-streichenden Gänge (s_1) im entgegengesetzten Sinne wie in allen anderen Fällen aus: Die s_1-Spalten zeigen nämlich im Hangenden der Durchsetzer größere vererzte Mächtigkeiten. Es muß jedoch betont werden, daß hier nur eine geringe Anzahl von Messungen vorliegt.

Kreuzungssystem $F_2 : F_1$ (4 der Tabelle)

Die weitaus überwiegende Anzahl der unvererzten F_2-Spalten bewirkt einen Verwurf der kreuzenden, mineralisierten F_1-Spalten. Der durchschnittliche Verwerfungsbetrag beträgt ca. 1,80 m. Auch hier läßt sich wiederum in 87% aller Fälle die gleiche Bewegungsrichtung feststellen, d. h. eine Abschiebung der hangenden Scholle entlang den F_2-Verwerfungsflächen. Bei den restlichen Fällen handelt es sich wieder um Horizontalverschiebungen, die hier auch durch flach nach W einfallende Rutschstreifen bestätigt wurden.

Auch hier zeigen die F_1-Spalten weitaus überwiegend im Liegenden der durchsetzenden F_2-Spalten eine größere vererzte Mächtigkeit.

Kreuzungssystem $s_1 : F_1$ (5 der Tabelle)

Über gegenseitige Beeinflussungen dieses Kreuzungssystems lassen sich auf Grund mangelnder Aufschlüsse keine allgemeingültigen Aussagen machen.

3. Schlußfolgerung

Aus unseren Untersuchungsergebnissen lassen sich einige für die weiteren Erkundungsarbeiten bedeutende Schlußfolgerungen ziehen.

Zunächst kann festgestellt werden, daß eine Beeinflussung der vererzten Spalten des 1. Gangsystems durch die in Himmelsfürst unvererzten Spalten des 2. Gangsystems stattgefunden hat. Dies kommt

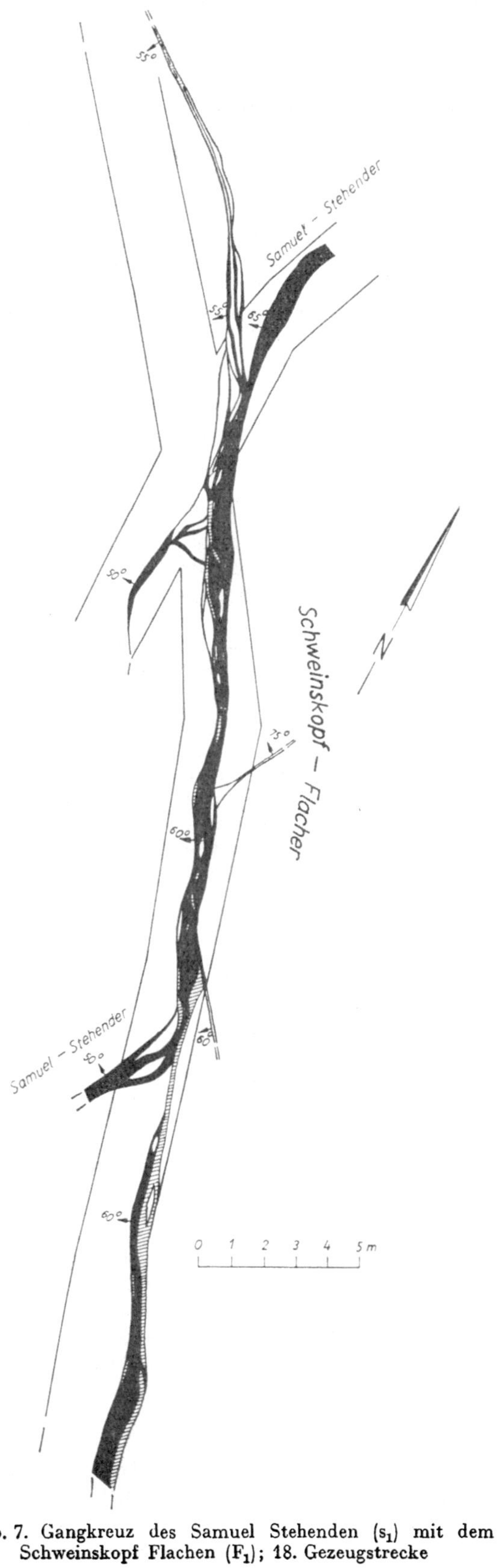

Abb. 7. Gangkreuz des Samuel Stehenden (s_1) mit dem Schweinskopf Flachen (F_1); 18. Gezeugstrecke

1. durch den Verwurf und
2. durch die oft sprunghafte Änderung der Mächtigkeit der Spalten des 1. Systems an den Gangkreuzen

zum Ausdruck.

Zu 1. Wie aus dem Vorangegangenen hervorgeht, handelt es sich in 97% aller Fälle um Abschiebungen der hangenden Scholle entlang der meist tauben s_2- bzw. F_2-Verwerfer. Die vererzten Gangspalten, d. h. die Gänge des s_1- und F_1-Systems, fallen fast ausschließlich nach West ein. Daraus ist nunmehr für unsere künftigen Gangauffahrungen bei bekanntem Einfallen des Verwerfers die Ausrichtung des verworfenen Flügels ohne Schwierigkeiten möglich. Mit anderen Worten, bei Auffahrung eines Ganges aus dem Liegenden des Verwerfers ist entlang des Verwerfers ins Liegende des Ganges zu fahren. Diese Regel ist in 97% aller Fälle im Himmelsfürster Feldesteil anwendbar.

Die Ursachen der Bewegungen sind wahrscheinlich noch der Volumenkontraktion des erstarrenden Plutons zuzuschreiben, wobei also vorwiegend vertikale Bewegungen im Plutondach auftreten werden. Diese äußern sich in unserem Falle in Abschiebungen. Es sei darauf hingewiesen, daß es sich bei diesen Bewegungen nur um Relativbewegungen handelt, d. h., daß neben den vertikalen Bewegungen zu verschiedenen Zeiten der Plutonerstarrung auch andere Bewegungsrichtungen auftreten.

Zu 2. In vielen Fällen (42%) ist eine Einwirkung der s_2- und F_2-Spalten auf die Mächtigkeit der N–S- und NO–SW-streichenden Erzgänge (F_1 und s_1) zwar nicht festzustellen. Tritt jedoch eine sprunghafte Änderung der Gangmächtigkeit am Gangkreuz auf, so ist in der Mehrzahl im Liegenden der s_2- oder F_2-Spalten die bessere Gangausbildung in quantitativer Hinsicht zu beobachten. Im Extremfall äußert sich dies darin, daß ein gut vererzter Gang mit überdurchschnittlicher Mächtigkeit im Hangenden des Verwerfers oder Durchsetzers nur noch als Kluft zu verfolgen ist. Für unsere Erkundungsarbeiten ergibt sich daraus, daß bei der Ausrichtung eines verworfenen Gangteiles auch auf fortzusetzende Klüfte zu achten ist, da diese in weiterer Entfernung vom Gangkreuz wieder zu mächtigen Gangspalten geöffnet sein können.

Die Ursache dieser Erscheinung dürfte in der stauenden Wirkung der tauben und meist verletteten s_2- und F_2-Flächen gegenüber den aufsteigenden Hydrothermen zu suchen sein, wobei die im Hangenden dieser Flächen aufsetzenden Gangpartien auf eine gewisse Erstreckung in deren Stauschatten liegen. Es sei jedoch auch auf die Möglichkeit einer Erklärung auf Grund spaltentektonischer Vorgänge hingewiesen und durch die Verwerfungsbeträge auch begründet: die spaltenöffnenden Zugkräfte können nämlich entlang der s_2- und F_2-Flächen teilweise oder vollständig in Bewegungen aufgelöst werden, so daß im Hangenden und stärker bewegten (gesenkten) Block die Spalten des 1. Gangsystems infolge der daraus resultierenden ungenügenden Zugspannung weniger geöffnet werden konnten.

4. Beschreibung der Abbildungen

Abschließend sollen einige der behandelten Fälle bildlich dargestellt und erläutert werden.

Abb. 1. Die Abb. zeigt ein typisches Gangkreuz des s_2-s_1-Systems am Beispiel des Silberfund Stehenden.

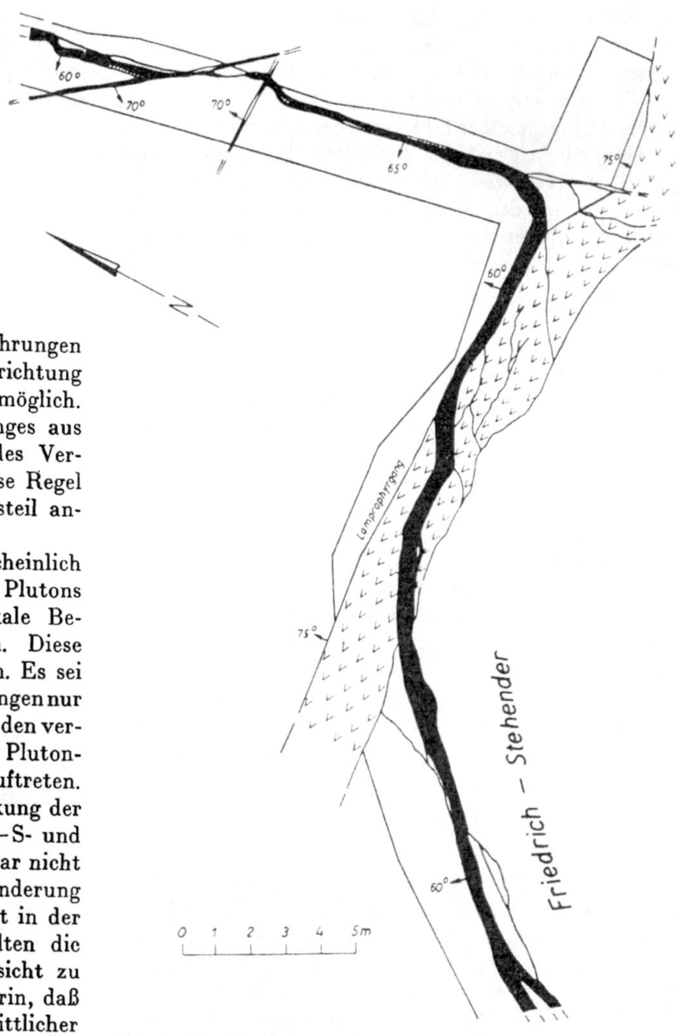

Abb. 8. Gangkreuz des Friedrich Stehenden mit einem Lamprophyrgang; 15. Gezeugstrecke

Der Silberfund Stehende (s_1) als vererzte Gangspalte wird von s_2-Spalten durchsetzt und infolge seines steilen Einfallens (vgl. Abschn. 2) nur um einen geringen Betrag verworfen. Die mittlere Mächtigkeit des Silberfund Stehenden ist im Liegenden wesentlich größer.

Abb. 2. Der Friedrich Stehende (F_1) wird von einer Schar nach Nord einfallender Klüfte des s_2-Systems verworfen. Auch in diesem Falle handelt es sich um Abschiebungen der hangenden Flügel entlang der Dislokationen. Recht deutlich kommt hierbei die größere mittlere Mächtigkeit des Friedrich Stehenden im Liegenden der Verwerfer zum Ausdruck.

Abb. 3. In der Abbildung ist einer der wenigen Fälle (4%) dargestellt, der einen Schrägsprung bzw. eine Blattverschiebung von Ost nach West entlang der s_2-Flächen zeigt. Die Mächtigkeitsausbildung des Unbenannt Stehenden (F_1) ist von den durchsetzenden Verwerfern in keiner Weise beeinflußt worden.

Abb. 4. Der Streitgang Flache (F_1) ist im Liegenden des s_2-Verwerfers quantitativ wesentlich besser vererzt. Bemerkenswert ist die für das Brander Revier erhebliche Sprungweite von ca. 3 m. In Fortsetzung des liegenden Gangteiles ist später eine Kluft aufgerissen, die ausschließlich durch die jüngere Edle Braunspatformation mineralisiert wurde.

Abb. 5. In der Abb. 5 ist ein Gangkreuz des F_2-F_1-Systems dargestellt. Es handelt sich wiederum um eine Abschiebung. Auffällig ist die Mächtigkeitsabnahme des Gottes Gabe Stehenden im Hangenden der Dislokation, wo die Gangspalte nahezu als Kluft erscheint.

Abb. 6. Der in seiner Mächtigkeit gut ausgebildete Karl Stehende (F_1) wird von einem System von wenig verwerfenden F_2-Spalten und Klüften im Hangenden desselben so ungünstig beeinflußt, daß er auf eine gewisse Erstreckung nur noch als Kluft zu verfolgen ist.

Abb. 7. Die Abbildung zeigt ein Schleppkreuz des Samuel Stehenden (s_1) mit dem Schweinskopf Flachen (F_1), bei dem eine quantitative „Kreuzveredlung" zum Ausdruck kommt. Recht deutlich ist auch hier eine erhebliche Mächtigkeitsabnahme des Schweinskopf Flachen im Hangenden des Samuel Stehenden zu erkennen.

Abb. 8. In der Abb. 8 kommt neben den dargestellten zwei Kreuzungssystemen (F_1-F_2, F_1-s_2) besonders die Ablenkung des Friedrich Stehenden an einem Lamprophyrgang zum Ausdruck. Dies ist der einzige im Brander Revier bekannte Fall, bei welchem eine Richtungsänderung einer Gangspalte um 90° auf engstem Raum erfolgte.

5. Literatur

BAUMANN, L.: Tektonik und Genesis der Erzlagerstätten von Freiberg (Zentralteil). – Freiberger Forschungsheft C 46, 1958.

MÜLLER, H.: Die Erzgänge des Freiberger Bergrevieres. Erl. zur geol. Spezialkarte. – 1901.

OELSNER, O.: Die erzgebirgischen Granite, ihre Vererzung und die Stellung der Bi-Co-Ni-Formation innerhalb dieser Vererzung. – Geologie, Heft 3–6 (v. Bubnoff-Gedenkschrift), 1958.

STOČES, B.: Tektonische Geologie für Montanisten. – Leipzig.

Die petro- und erzfazielle Differenzierung der Kupferschieferzone in der Edderitzer Mulde

BODO STEINBRECHER, Berlin

1. Vorbemerkungen und Einleitung

In vorliegender Arbeit soll untersucht werden, welche Gesetzmäßigkeiten sich in der faziellen Differenzierung der Kupferschieferflözzone erkennen lassen. Der Begriff „Zone" ist dabei nicht im stratigraphischen, sondern im lagerstättenkundlichen Sinne aufzufassen, denn hinsichtlich der Vererzung bilden Liegendes (Sanderz), Kupferschiefer (Flöz) und Hangendes (Berge) eine Einheit, die weder nach unten noch nach oben scharf begrenzt ist.

Die Erfahrung hat gezeigt, daß die Klärung der Frage nach den Ursachen, den Beziehungen und der erzfaziellen Differenzierung nur komplex erfolgen kann. Wir sind heute noch weit davon entfernt, alle Faktoren zu übersehen oder ihrem Wert nach einzuschätzen, die im Zusammenspiel die Art der Erzverteilung in horizontaler und vertikaler Richtung bestimmen. Erste Schritte zur streng wissenschaftlichen Bearbeitung des reichlich vorliegenden Materials sind erfolgt. Wichtig sind die Ergebnisse A. SCHÜLLERs (1955 und 1957).

Bei der eingangs gegebenen Zielsetzung vorliegender Arbeit gilt es, ausgehend vom Vertikalprofil, die horizontalen Beziehungen zu erfassen. Dieses Vorhaben wird dadurch beeinträchtigt, daß es manchmal nicht gelang, einen einwandfreien 100%igen Bohrkerngewinn aus der Kupferschieferzone zu erhalten. Es ist schwierig zu erkennen, welche Teile des Flözes verlorengingen und wie groß die Verluste waren. Die in der Sangerhäuser und Mansfelder Mulde gut zu unterscheidenden Flözlagen lassen sich in der Edderitzer Mulde nicht ohne weiteres ausgliedern. Außerdem wechselt die Mächtigkeit des Kupferschiefers in der Edderitzer Mulde in größerem Umfange als im östlichen und südöstlichen Harzvorland. Von einer Regelmächtigkeit kann nicht gesprochen werden. In der Edderitzer Mulde wurde der Kupferschiefer in mehreren Bohrungen mit Mächtigkeiten von über 50 cm erbohrt.

2. Die erzfazielle Differenzierung im Kupferschiefer

In der Edderitzer Mulde sind vor allem die unteren Flözteile die Träger der Hauptvererzung. Nach oben hin nehmen die Gehalte an Cu, Pb und Zn gleichermaßen ab. In keiner der Bohrungen waren in den Bergen nennenswerte Erzgehalte vorhanden. Meist reichte jedoch die Pb-Zn-Vererzung etwas höher im Profil hinauf als die des Cu.

Zwischen Kammschale und Kopf oder zwischen Kopf und Schwarze Berge, d. h., etwa zwischen erstem und zweitem Drittel der Flözmächtigkeit, ist ein fast in allen Bohrungen deutlich ausgeprägter Sprung in der Vererzung nachzuweisen. Die Gehalte fallen auf ein Drittel oder um noch mehr ab. Besonders deutlich ist dieser Sprung bei Pb und meist auch bei Cu. Bei Zn ist er manchmal weniger deutlich.

Wenn eben von Kammschale, Kopf und Schwarzen Bergen gesprochen wurde, so nur mit der Bemerkung, daß diese Einteilung eigentlich nichts weiter besagt, als daß die Lagen 1 bis 4 unterschieden wurden, denn die typischen Merkmale fehlen. Allenfalls kann man von der „Lette" (Lage 1) sprechen.

Eine Rote-Fäule-Fazies ist in der Edderitzer Mulde bisher nicht bekannt geworden. Das ist um so bemerkenswerter, als die in der Mansfelder Mulde gut bekannte Rote Fäule-Zone mit erzgebirgischem Streichen in die Edderitzer Mulde zielt (G. RICHTER 1941; E. KAUTZSCH 1942 und 1954; B. STEINBRECHER 1959b). Dies war schon G. GILLITZER (1936) bekannt (Kernstrichtheorie) und in Verbindung mit dem Reicherzvorkommen in der Golbitzer Mulde (1881) der Anlaß für die durchgeführten Erkundungsarbeiten in der Edderitzer Mulde.

Nach dem derzeitigen Stand der Bohraufschlüsse in der Edderitzer Mulde ist hinsichtlich der erzfaziellen Differenzierung des Kupferschieferflözes folgendes festzustellen[1]) (s. Abbildung): Im SO liegt eine Zn-Zone,

[1]) Fußnote s. S. 202

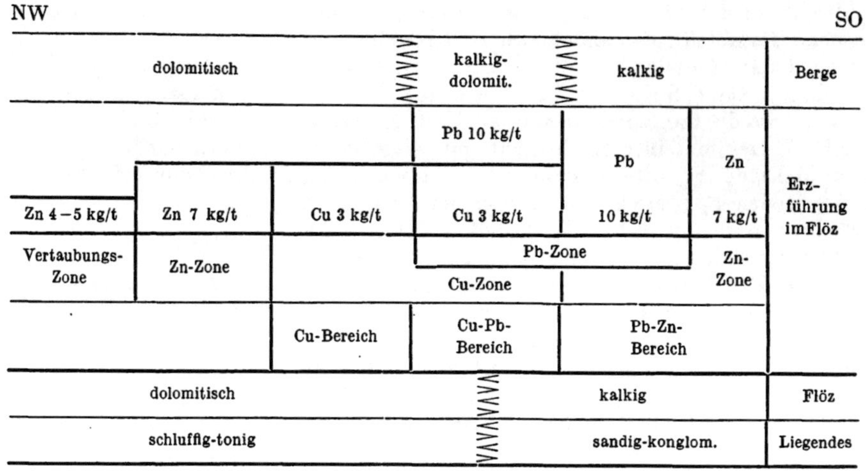

in der die Gehalte höher als 7 kg/t sind. Nach NW schließt sich eine Pb-Zone mit Gehalten über 10 kg/t an. Weiter nach NW folgt eine Cu-Zone mit über 3 kg/t, der sich dann in gleicher Richtung wiederum eine Zn-Zone mit über 7 kg/t vorlagert. Außerhalb dieser Zonen fallen die Metallgehalte sehr stark ab, lediglich Zn herrscht mit 4 bis 5 kg/t noch vor. Zum Teil überlappen sich diese Gebiete. Dies ist besonders im SO der Fall. Aus der Grenzlinienführung der oben unterschiedenen Zonen läßt sich eine erzgebirgisch streichende Erstreckung klar erkennen.

3. Die petrofazielle Differenzierung der Flözzone

Es gilt zu überprüfen, ob sich auch in der petrofaziellen Differenzierung eine derartige Abfolge erkennen läßt. Brauchbare Merkmale sind im Liegenden die Korngrößenzusammensetzung, im Kupferschiefer und den Bergen die Feststellung, ob kalkig oder dolomitisch. Diese Kennzeichen sind sehr einfacher Art, aber ausreichend, um eine zonare Gliederung durchzuführen. Bei der Auswertung der Bohrungen ergab sich (s. Abbildung), daß das Liegende des Kupferschiefers[2]) in zwei Fazieszonen eingeteilt werden kann. Im SO ist eine sandig-konglomeratische Liegendfazies, in den übrigen Teilen der Mulde eine schluffig-tonige ausgebildet. Der Kupferschiefer ist in den südöstlichen Gebieten kalkig, in den nordwestlichen dolomitisch entwickelt. In gleicher Weise läßt sich erkennen, daß die Berge im SO kalkig, im NW dolomitisch-kalkig und dann rein dolomitisch werden.

Der petrofazielle Wechsel erfolgt in gleicher Weise wie der erzfazielle von SO nach NW.

4. Die Beziehungen zwischen den erz- und petrofaziellen Zonen — Schlußfolgerungen

Beim Vergleich der ausgegliederten petro- und erzfaziellen Zonen in der Edderitzer Mulde ergibt sich eine Parallelität im Verlauf, in der Anordnung und in der Abfolge (s. Abbildung). Es ist deutlich, daß die Pb-Zone nach NW nicht über die Grenze der kalkigen Flözfazies und der kalkig-dolomitischen Bergefazies hinausreicht. Die Cu-Zone, die sich in ihren südöstlichen Teilen mit der Pb-Zone überlappt, ist an den Übergang von der kalkigen zur dolomitischen Flözfazies bzw. von der kalkigen zur dolomitischen Bergefazies und der sandig-konglomeratischen zur schluffig-tonigen Liegendfazies gebunden. Auch in der Verbreitung der Zn-Fazieszonen läßt sich eine Parallelität zur petrofaziellen Differenzierung unschwer erkennen. Es treten zwei Zn-Zonen auf. Die südöstliche ist an die sandig-konglomeratische Liegendfazies, an die kalkige Flözfazies und an die kalkige Bergefazies geknüpft. Die zweite ist der Cu-Zone im schluffig-tonigen Bereich des Liegenden und der dolomitischen Fazieszone des Flözes und der Berge im NW vorgelagert. Der sich weiter daran anschließende Raum, in dem das Flöz in seiner Erzführung an Cu und Pb vertaubt, jedoch Zn mit 4 bis 5 kg/t noch verherrscht, kann nicht ebenfalls als Zn-Fazies bezeichnet werden, sondern besser als die Zone der vertaubten Erzfazies. In weiten Teilen der Subherzynen Mulde und des Thüringischen Beckens ist die vertaubte Fazies verbreitet (G. RICHTER 1941 und E. KAUTZSCH 1942 und 1954).

Diese unterschiedenen Erzfazieszonen überlappen sich, und zwar die petro- und erzfaziellen Zonen unter sich und in sich selbst. Dies ist besonders zwischen der Pb- und Cu-Zone der Fall, so daß zwei Bereiche unterschieden werden können; der südöstliche Pb-Cu-Bereich und der Cu-Bereich, in dem Pb zurücktritt. Ähnlich überschneiden sich auch im SO die Pb- und Zn-Zonen, so daß ein Zn- und ein Zn-Pb-Bereich zu unterscheiden sind. Zwischen den Zn-Zonen und Cu-Zonen fehlen Überlappungen, hohe Zn- und Cu-Gehalte schließen sich aus, während Pb in gewissem Umfange vermittelt, wie sich aus der Überlappung der südöstlichen Zn-Zone mit der Pb-Zone und der zwischen der Pb- und Cu-Zone ergibt. Die Cu- und die Zn-Zone stoßen einander an. Diese Verhältnisse sind in der Tabelle schematisch veranschaulicht

Einzugehen wäre noch auf die Gebiete, die sich entsprechend den Metallgehalten in den betreffenden Bohrungen keiner der unterschiedenen Zonen oder Bereiche eingliedern. Dies ist im Raum der Bohrungen G 13, G 16 und G 17 der Fall. Die Bohrungen G 13 und G 17 leiten durch ihre Pb-Vormacht und die zurücktretenden Cu- und Zn-Gehalte zur Pb-Zone über. Die Bohrung G 16 hat entsprechend den Metallgehalten zu keiner der Erzzonen Beziehungen. Ganz ähnlich liegen die Verhältnisse auch im Gebiet der Bohrung E 35, in der eine Vertaubung an Cu, Pb und Zn gleichermaßen nachgewiesen wurde.

Unzweifelhaft bestehen nach dem bisher Gesagten zwischen der petro- und erzfaziellen Differenzierung der Flözzone innere, genetische Beziehungen. Richtungweisend waren in dieser Hinsicht die Untersuchun-

[1]) Bemerkung: Die für die im folgenden ausgeschiedenen Erzfazieszonen und -bereiche festgelegten Mindestgehalte in kg/t sind nicht willkürlich gewählt. Außerhalb der betreffenden Zone sinken die Gehalte an dem typischen Metall im allgemeinen um weit mehr als die Hälfte des angegebenen Mindestgehaltes ab. Die Angaben der Metallgehalte beziehen sich auf die vollen in den betreffenden Bohrungen gezogenen Flözmächtigkeiten, stellen mithin gemäß der Berechnung einen Durchschnittswert dar, der keine wirtschaftliche Bedeutung hat.

[2]) Bemerkung; Das unmittelbare Liegende des Flözes wird nicht wie in der Mansfelder Mulde vom Weißliegenden, dem oberrotliegenden Sandsteinschiefer oder dem Porphyrkonglomerat, sondern meist von einer dezimetermächtigen schiefertonartigen, schluffig-tonigen, z. T. etwas karbonatischen, mittelgrauen Lage gebildet, die gegen den Kupferschiefer deutlich, gegen ihr Liegendes undeutlicher abgesetzt ist. Ihr Liegendes wird vom oberrotliegenden Sandsteinschiefer gebildet, der auf etwa 2 m gebleicht ist (Grauliegendes) (s. auch B. STEINBRECHER 1959 a).

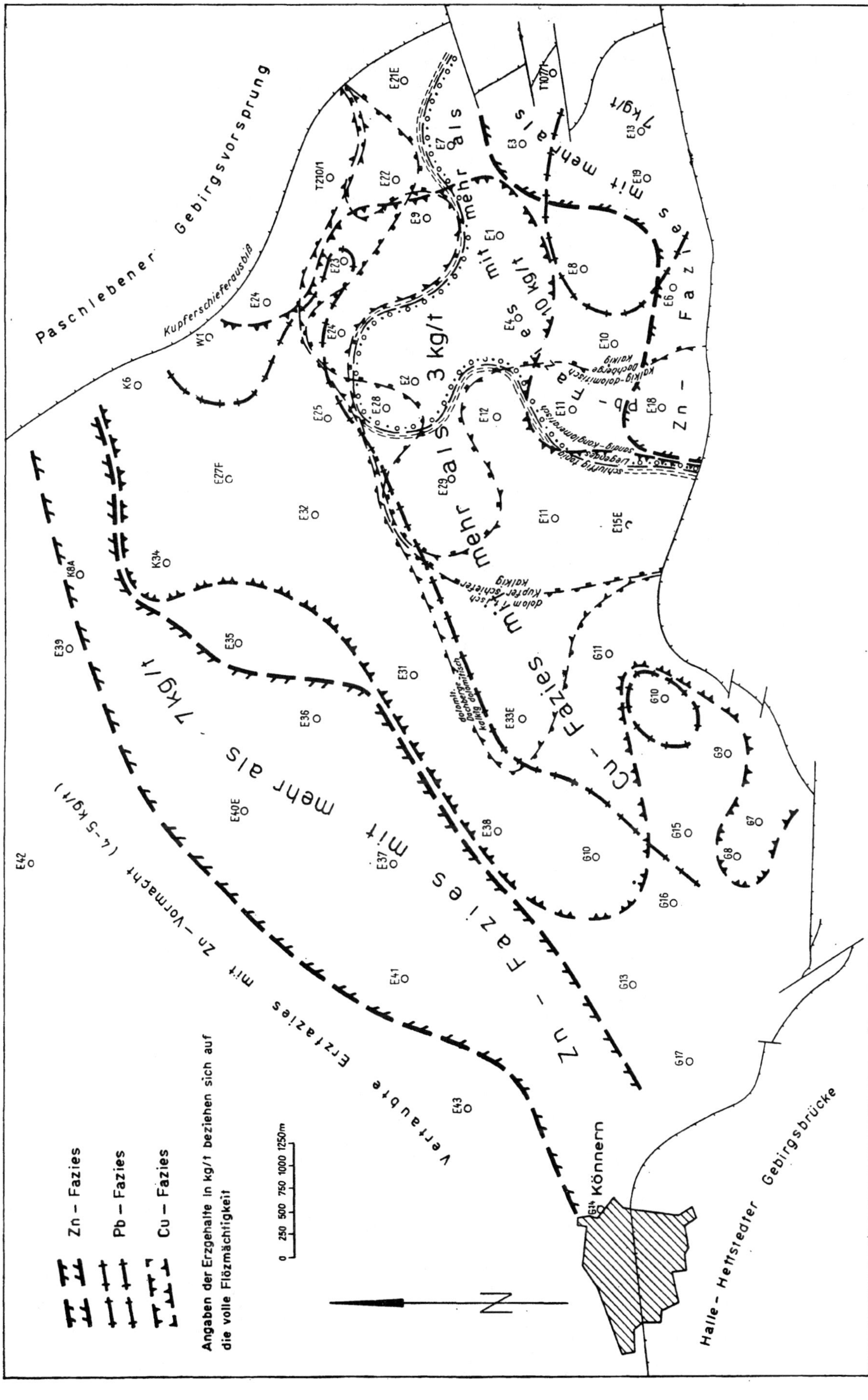

Die petro- und erzfazielle Differenzierung der Kupferschieferzone in der Edderitzer Mulde

gen A. SCHÜLLERs (1955) an den Flözkernen der Bohrungen E 17, E 18 und E 28. Er stellte fest, daß im Liegenden des Kupferschiefers im Sanderz Buntmetallerzgerölle bis zu 600 $\mu\varnothing$ auftreten. Sie entstammen entsprechend den auftretenden Paragenesen abgetragenen, hydrothermalen Gängen wahrscheinlich varistischen Alters. In der Bohrung E 28 konnten auch im Sanderz Gerölle fluidalen Quarzporphyrs beobachtet werden, die hydrothermal gebleicht und nach dem Typ der „disseminated ores" vererzt sind. Hieraus ergibt sich, daß in den Sedimentationsraum in der Edderitzer Mulde vor Ablagerung des Kupferschiefers mechanisch verfrachtetes Buntmetallerzmaterial gelangte.

Es ist naheliegend, das Gebiet um Dessau als Liefer- bzw. Abtragungsgebiet anzunehmen (J. WEIGELT 1930; A. SCHÜLLER 1951 und 1952; S. SCHIEMENZ 1953; B. STEINBRECHER 1959a)[3]). Aus der petrofaziellen Differenzierung des Liegenden des Kupferschiefers ergibt sich ein weiterer Hinweis dafür, daß die Schüttung im Gebiet der Edderitzer Mulde von SO nach NW hin erfolgte. A. SCHÜLLER (1955) sprach auf Grund seiner Untersuchungsergebnisse auch die Vermutung aus, daß der Edderitzer Kupferschiefer in Ufernähe sedimentierte. Nach vorliegenden Darlegungen, nach den Kupferschiefermächtigkeiten von über 50 cm und den stärkeren Mächtigkeitsschwankungen, die größer als anderswo sind, kann die Auffassung von A. SCHÜLLER nur bestätigt werden. Es wird deshalb von mir ebenfalls vermutet, daß die erz- und petrofazielle Differenzierung in der Kupferschieferzone von SO nach NW eine Funktion der Entfernung vom Uferrand ist.

Die Anordnung der petro- und erzfaziell unterschiedenen Zonen in der Edderitzer Mulde gibt für die Deutung der Genese der Erzführung des Kupferschiefers Hinweise. Im ufernächsten Gebiet, durch die sandig-konglomeratische Liegendfazies im SO gekennzeichnet, erfolgte bevorzugt eine Zn- und z. T. auch Pb-Fällung. Ob besonders Zn im Sinne H. SCHNEIDERHÖHNs (1923 und 1949) dort primär als Karbonat ausfiel und erst sekundär eine sulfidische Bindung einging, soll in diesem Zusammenhang nicht diskutiert werden. Auffällig ist, daß die Zn-Fazies zweimal auftritt, also auch im NW günstige Fällungsbedingungen geherrscht haben. Vielleicht wurde in der nordwestlichen Zn-Zone im Gegensatz zu der südöstlichen das Zn gleich primär als Sulfid ausgeschieden. Zwischen diesen beiden Zn-Zonen erfolgte die Pb- und Cu-Fällung. Im Pb-Cu-Bereich waren die Bedingungen für die Cu- und Pb-Ausscheidung günstig. Diese Erscheinung steht im Gegensatz zu der Erfahrung in anderen Gebieten, z. B. der Sangerhäuser und Mansfelder Mulde, wo zwischen Pb (-Zn) einerseits und Cu (-Ag) andererseits eine gewisse Reziprozität des Auftretens im Vertikalprofil zu beobachten ist (s. G. RICHTER 1941 und E. KAUTZSCH 1942). Einschränkend muß festgestellt werden, daß dies besonders an den Rändern der Roten Fäule in Erscheinung tritt, die in der Edderitzer Mulde nicht entwickelt ist. Maßgebend für die Art und Intensität der Metallfällungen im Raum der Edderitzer Mulde scheint die Entfernung von dem im SO postulierten Festland bzw. der Wassertiefe zu sein.

[3]) In zitierter Publikation ist folgende Korrektur notwendig: Abb. 1: das Zentrum des ausgeschiedenen Grauwackengebietes um Zerbst, mit den 2 Bohrungen ist um 4 cm nach NW auf den Kartenrand hin zu verschieben.

5. Zusammenfassung

Die erzfazielle und petrofazielle Differenzierung des Kupferschiefers und der Kupferschieferzone in der Edderitzer Mulde sind von SO nach NW gerichtet. Es lassen sich von SO nach NW unterscheiden:

1. Zone mit Zn-Gehalten von mehr als 7 kg/t
2. Zone mit Pb-Gehalten von mehr als 10 kg/t
3. Zone mit Cu-Gehalten von mehr als 3 kg/t
4. Zone mit Zn-Gehalten von mehr als 7 kg/t
5. Zone der vertaubten Erzfazies mit Zn-Vormacht von 4 bis 5 kg/t.

Diese Zonen überlappen sich, und dementsprechend werden noch ein Pb-Zn-Bereich und ein Pb-Cu-Bereich in den südöstlichen und mittleren Teilen der Edderitzer Mulde unterschieden.

Diese Zonen und Bereiche streichen erzgebirgisch und verlaufen parallel zu den petrofaziell ausgeschiedenen Zonen, die gleichfalls eine Abfolge von SO nach NW erkennen lassen (s. folgende Aufstellung)

	Liegendes	Kupferschiefer	Berge
SO	sandig-kongl.	kalkig	kalkig
↓		dolomitisch	dolomitisch-kalkig
NW	schluffig-tonig		dolomitisch

Aus den räumlichen Beziehungen der erzfaziellen Zonen im Kupferschieferflöz ergibt sich, daß sich hohe Zn- und hohe Cu-Gehalte ausschließen, während Pb dazwischen vermittelt, wie folgendes Schema zeigt:

$$\xleftarrow{\quad Pb \quad}\!\!\rightarrow \quad Zn \; / \; Cu$$

Die Annahme A. SCHÜLLERs (1955), daß der Edderitzer Kupferschiefer wahrscheinlich in der Uferrandnähe eines im SO liegenden Hochgebietes sedimentierte, kann bestätigt werden. Dies ergibt sich besonders aus der petrofaziellen Abfolge im Liegenden des Kupferschieferflözes, aber auch aus der kalkigen oder dolomitischen Ausbildung des Flözes und der Berge. Es wurde versucht, die Befunde zu deuten.

Literatur

EISENHUTH, K. H. & E. KAUTZSCH: Handbuch für den Kupferschieferbergbau. – Leipzig (Fachbuchverlag) 1954.
GILLITZER, G.: Die Geologie der Erzanreicherungen im Mitteldeutschen Kupferschiefer. – Jb. Hall. Verb. 15, S. 9–27, 1937.
KAUTZSCH, E.: Untersuchungsergebnisse über die Metallverteilung im Kupferschiefer. – Arch. Lagerstättenforsch., H. 74, 1942.
RICHTER, G.: Geologische Gesetzmäßigkeiten in der Metallführung des Kupferschiefers. – Arch. Lagerstättenforsch., H. 73, 1941.
SCHIEMENZ, S.: Schotteranalyse des Porphyrkonglomerates im obersten Rotliegenden des östlichen Harzvorlandes. – Hall. Jahrb. usw., 2, S. 3–27, Halle 1953.
SCHNEIDERHÖHN, H.: Schichtige Erzlagerstätten von strittiger Entstehung. – Geol. Rdsch., 14, S. 60–68, Berlin 1923.
– Erzlagerstätten, Kurzvorlesungen zur Einführung und Wiederholung. 2. Aufl. (Piscator), Stuttgart 1949 (bes. S. 224).
SCHÜLLER, A.: Petrographische und tektonische Stellung des metamorphen Granites von Dessau. – N. Jb. Min., Abh., 82, S. 121–142, Stuttgart 1951.
– Die Diorite von Dessau. Ein Beispiel für Ichor-Metamorphose. – Heidelberger Beitr. Min. u. Petr., 3, S. 77–96, Heidelberg 1952.
– Mineralogisch-petrographische Untersuchungen der Blei-Zink-Kupferschiefer von Edderitz. 1. Bericht. – Berlin 1955, unveröffentl.
– Mineralogisch-petrographische Untersuchungen der Kupfer-Blei-Zink-Schiefer der Mansfelder Mulde. – Akten der Staatl. Geol. Komm. Berlin 1957.
STEINBRECHER, B.: Saalische Bewegungen im Ost- und Nordostharzvorland und ihre Bedeutung für den oberrotliegenden Sedimentationszyklus. – Z. angew. Geol., 5, H. 2, S. 56 ff. 1959.
– Der oberpermische Sedimentationszyklus im Saaletrog im Bereich des östlichen Harzvorlandes (in Vorbereitung)
WEIGELT, J.: Die regional-geologische Bedeutung des Granitmassives von Dessau. – Ber. Naturwiss. Ver. Dessau, H. 2, S. 9–11, Dessau 1930.
– Der Kupferschieferbergbau und Hüttenbetrieb zur Verarbeitung der gewonnenen Minern usw., S. 58–59, Festschr. 1881.

Spektrochemisches Verfahren mit rotierender Preßrädchen-Elektrode zur quantitativen Bestimmung von Kupfer, Blei und Zink in Kupferschiefern[1]

JOACHIM OTTEMANN, Berlin

Einleitung und Zielsetzung

Die intensive Erkundung der Metallgehalte mitteldeutscher Kupferschiefer einschließlich des Hangenden und Liegenden des Flözprofiles erfordert die chemisch-analytische Untersuchung zahlreicher Bohrkernproben. Hierbei können spektrographische Untersuchungsverfahren wegen ihrer Schnelligkeit mit Vorteil eingesetzt werden.

Bisher wurde für diesen Zweck die halbquantitative Bestimmung der Metalle mit Hilfe des Wechselstrom-Abreißbogens (OTTEMANN, 1956) durchgeführt. Die Ergebnisse vermitteln in kurzer Zeit einen zuverlässigen Überblick über die Metallführung eines Lagenprofiles. Zur genauen rechnerischen Auswertung konnten die halbquantitativen Ergebnisse der spektrochemischen Analyse, die in Bereichen halber Größenordnungen des Prozentgehaltes angegeben sind, jedoch nicht herangezogen werden (DETTE, 1956).

Aus diesem Grunde sollte versucht werden, für die Kupferschieferuntersuchung ein quantitativ spektrographisches Verfahren auszuarbeiten, dessen Ergebnisse die weite Konzentrationsspanne von 0,02 bis 10% Metallgehalt umfassen und, was die Genauigkeit anbetrifft, direkt für die Vorratsberechnung ausreichend sind. In erster Linie sollte der geringe Zeitaufwand der spektrochemischen Methodik bei der serienmäßigen Untersuchung von Kupferschieferproben genutzt werden. Ganz allgemein gilt für alle analytischen Untersuchungen der Grundsatz: Je genauer, je langwieriger. — Es galt daher bei der Suche nach einem geeigneten Verfahren, ein solches zu finden, das bei möglichst geringem Zeitaufwand ausreichende Genauigkeit mit der gegebenen apparativen Ausrüstung ermöglicht.

Wenn man an die Ausarbeitung eines quantitativen spektrochemischen Verfahrens geht, stößt man sogleich auf das sehr bedeutende Problem der Homogenisierung der Proben, von deren Gelingen Genauigkeit und Zeitaufwand der Analysen ganz entscheidend abhängen.

Eine ideale chemische Homogenisierung der Proben besteht in der Herstellung von Lösungen. Hierzu müssen alle Proben chemisch aufgeschlossen werden. Die spektrochemische Untersuchung der Lösungen gehört zweifellos zu den genauesten, besonders dann, wenn elektrisch nicht leitendes silikatisches Material untersucht werden soll.

Diese „Lösungsspektralanalyse" ist in verschiedenen Varianten beschrieben worden, so von SCHEIBE & RIVAS (1936), welche die Analysenlösung von einer plangeschliffenen Kohleelektrode aufsaugen lassen, oder von FELDMAN (1949), welcher die Lösung in die obere ausgebohrte und am Boden poröse Kohleelektrode pipettiert.

Eine Weiterentwicklung erfuhr die Lösungsspektralanalyse durch LEUTWEIN & DOERFFEL (1955), welche die amerikanische Methode der „rotating-disk"-Elektrode, die laufend in die Lösung eintaucht, näher untersuchten und ausbauten. Nach diesen Autoren ist die quantitative Untersuchung mit der Kohlerädchenelektrode das empfindlichste und zuverlässigste Verfahren der Lösungsspektralanalyse, das bei routinemäßiger Anwendung einen mittleren Fehler von 5 bis 15% (relativ) aufweist.

Der besondere Vorteil der Kohlerädchenmethode beruht nach HERRMANN (1956) auf der Ausschaltung von Fraktionierungseffekten und Einstellung eines reproduzierbaren Verdampfungsgleichgewichtes zwischen den in Lösung befindlichen Elementen.

Eine andere Möglichkeit zur idealen Homogenisierung ist der Aufschluß der Probe zu einem glasig erstarrten Schmelzfluß mit Hilfe von Alkalikarbonat, Borsäure, Natriumfluorid usw. Diese Probenvorbereitung wendeten u. a. PRICE (1953) und LOUNAMAA (1956) erfolgreich bei der Untersuchung von Schlacken und oxydischen Erzen an. LOUNAMAA weist besonders darauf hin, daß die Schmelzflußmethode nicht auf Proben angewendet werden kann, die Sulfide enthalten, weil diese eine selbständige Phase in der Schmelze bilden. Ganz abgesehen davon ist der chemische Schmelz- und Lösungsaufschluß einer jeden Probe bei Serienuntersuchungen zeitraubend und umständlich; zudem besteht die Gefahr der Einschleppung von Elementen durch die verwendeten Chemikalien. Außerdem bleiben die ursprünglichen Konzentrationen der Analysenelemente nicht erhalten, sondern werden verdünnt, wie das bei allen chemischen Aufschlüssen der Fall ist.

Dieser Gesichtspunkt ist von besonderer Bedeutung, wenn nicht die Hauptbestandteile, sondern — wie beim Kupferschiefer — die Nebenbestandteile bis zu 0,02% erfaßt werden sollen.

Ein spektrochemisches Analysenverfahren für Silikate und oxydische Materialien mit vorherigem Schmelzaufschluß der Probe haben neuerdings auch DÜMECKE, GERSÖHNE & WIEGMANN (1958) ausgearbeitet.

Es hat sich jedoch gezeigt, daß man auch reproduzierbare Ergebnisse erhält, wenn die quantitative Spektralanalyse direkt an Pulvern durchgeführt wird und die Homogenisierung durch einfaches, aber sorgfältiges Pulvern der Probe geschieht. Auf diese Weise untersuchten GILLIS & EECKHOUT (1951) Eisenhochofenschlacken quantitativ auf ihre Hauptbestandteile. Bei der direkten Pulveranalyse erzielt man besonders brauchbare Resultate, wenn man nicht einfach das Pulver in einer Lochkohle anregt, sondern es mit einem leitfähigen Pulver vermengt und zu Pastillen preßt. Diese Verfahrensweise ist schon von KELLERMANN (1929) beschrieben worden. Pastillen verwendeten u. a. BALDI (1953), PRICE (1953), LOUNAMAA (1956) bei der Spektralanalyse von Schlakken und DÜMECKE & WIEGMANN (1957) bei der Untersuchung von Tonen und Schamotten auf Eisen, Titan, Calcium und Magnesium. Bei der Verwendung von Pulverpreßlingen wird ein recht gleichmäßiger Abbrand erreicht und die für quantitative Zwecke wohl beste An-

[1]) Eingang des Beitrages in der Redaktion am 10. 2. 1959.

Abb. 1. Elektrisch angetriebener Pulvermischapparat

regung mit kondensiertem Hochspannungsfunken ermöglicht.

Bei neueren Versuchen ließ Verf. sich nun von dem Gedanken leiten, daß es zweckmäßig wäre, die Vorzüge der Pastillenmethode mit denen der Kohlerädchenmethode der Lösungsspektralanalyse zu verbinden, um die Elemente Cu, Pb, Zn von 0,02 bis 10% möglichst genau bestimmen zu können. Es wurde ein neuer Weg eingeschlagen, indem gepreßte Kohlerädchenpastillen – weiterhin „Kohlepreßrädchen" genannt – verwendet wurden.

Herstellung der Kohlepreßrädchen

Die Analysenprobe wird zunächst so fein pulverisiert, daß sie restlos ein Sieb mit 60 μ Maschenweite passiert. 0,5 g Kupferschieferpulver werden mit 0,5 g Kohlestandardpulver innigst gemischt.

Das Kohlestandardpulver setzt sich zusammen aus 50 Gewichtsteilen preßbarem „RW-A" Spektralkohlepulver der Ringsdorff-Werke (Mehlem i. Rhld.) und einem Gewichtsteil Standardmischung. Diese Standardmischung besteht wiederum aus 20 Gewichtsteilen Kaliumsulfat und 1 Gewichtsteil Indium-III-oxyd, das als „Innerer Standard" beigegeben wird. Die Kohlestandardmischung wird 6 Stunden lang in der Achatkugelmühle nach ROSETTI unter Zusatz von Alkohol bis zur ausreichenden Homogenisierung vermahlen. Die Vermischung des Kupferschieferpulvers mit dem Kohlestandardpulver wird mit einem mechanischen Mischapparat, einem eigens für unsere Zwecke modifizierten zahnmedizinischen Amalgam-Mixer (System DE TREY) (Abb. 1) vorgenommen. Auf dieses sehr innige, zeitsparende, für spektrographische Zwecke geeignete Mischverfahren hat FRISQUE (1957) besonders aufmerksam gemacht.

Ein Kohlepreßrädchen enthält:

500	mg Kupferschieferpulver	
490,3	mg Spektralkohlepulver RW-A	Kohle-standardpulver
9,24	mg Kaliumsulfat	
0,46	mg Indium-III-Oxyd	

Diese Pulvermischung wird nun mit Hilfe eines besonders konstruierten Preßwerkzeugs aus gehärtetem Stahl (Abb. 2) mit einer kleinen hydraulischen Laboratoriums-Öldruckpresse bei einem Druck von über 2000 kg/cm² zu Kohlepreßrädchen (Abb. 2) zusammengedrückt.

Bei Verwendung der oben angeführten Substanzmengen erhält man dann Rädchen mit einem Außendurchmesser von 15 mm, einem Lochdurchmesser von 4 mm und einer Rädchenstärke von 2,5 mm. Die bei der Funkenanregung genutzte Elektrodenoberfläche, das ist die Zylindermantelfläche des Rädchens, hat eine Oberfläche von etwa 1,2 cm². Diese Fläche ist 6mal größer als die entsprechende Kreisfläche einer zylindrischen Stäbchenpastille von 5 mm Durchmesser.

Eine vergrößerte Elektrodenfläche, die durch den Funken während der Dauer der Anregung bearbeitet wird, ist in verschiedener Hinsicht vorteilhaft. Zunächst wird durch das Rotieren des Kohlepreßrädchens die gesamte Elektrodenoberfläche systematisch vom Funken abgetastet, so daß eine maximale Menge der Analysensubstanz „verbraucht" wird. Der Funke kann sich auf der Elektrode nicht lokal festfressen, so wie es bei der feststehenden Stäbchenelektrode möglich ist. Ferner behält das Rädchen nach minutenlanger Abfunkzeit praktisch den gleichen Außendurchmesser, wodurch der Elektrodenabstand konstant bleibt.

Apparatur und Aufnahmebedingungen

UV-Spektrograph: Qu 24, Zeiss (Jena)
Anregungsquelle: Funkenerzeuger nach Feußner, FF 10
Kapazität: C = 6500 pF
Induktivität: L = 0,012 mH
Spannung: U = 10,6 KV (Trafostufe 3)
Gesteuerter Hochspannungsfunke ohne Zusatzwiderstand im Primärkreis

Abb. 2. Preßwerkzeug mit Kohlepreßrädchen

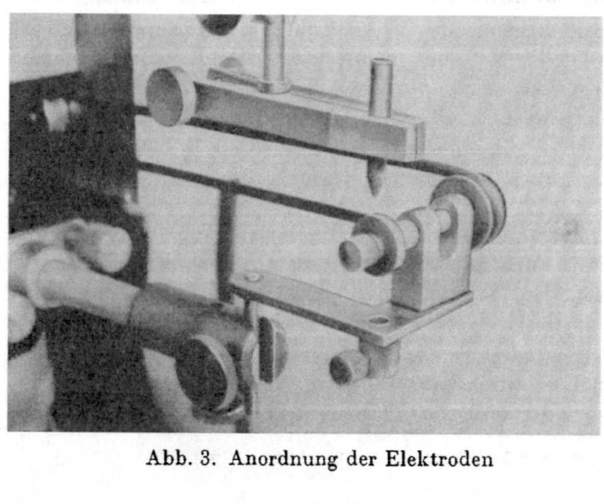

Abb. 3. Anordnung der Elektroden

Abb. 4. Vorrichtung zur Aufnahme von Kohlepreßrädchen-Spektren

Anordnung der Unterbrecher-Elektroden: Stellung normal 0°

Untere Träger-Elektrode: Rotierendes Kohlepreßrädchen

Obere Gegen-Elektrode: Zylindrisches Spektralkohlestäbchen von 5 mm ∅ mit kegelstumpfförmigem Ende

Elektrodenabstand: 2 mm

Funkenstativ: FS 5, Zeiss (Jena)

Zwischenabbildung: Linsenabstände für eine mittlere Wellenlänge von 3000 Å

Zwischenblende: Ganz geöffnet

Wirksames Öffnungsverhältnis: 1 : 15

Spaltweite: 20 μ

Lichtfilter: 3-Stufenfilter (Quarz-Platin-Filter) mit 4, 20 und 100% Durchlässigkeit

Vorrichtung zum Arbeiten mit rotierender Kohlescheibe für die Lösungsanalyse, ROW (Rathenow)

Umdrehungszahl der Rädchenelektrode: 5 U/min

Vorfunkzeit: 1 min

Belichtungszeit: 2 min

Plattenmaterial: Spektralplatte „Blau-Extrahart" Agfa (Wolfen/Bitterfeld)

Entwickler: Agfa-Metol-Hydrochinon-Entwicklerlösung 1 : 4

Entwicklungszeit: 3 min bei 20° C

Unterbrecherbad: 2%ige Essigsäurelösung

Spektrallinienphotometer: Schnellphotometer, Zeiss (Jena)

Die Anordnung der Elektroden am Funkenstativ zeigen die Abbildungen 3 und 4

Innerer Standard und Zeitkurven

Die Verwendung eines Inneren Standards oder Bezugelements in der quantitativen spektrochemischen Analyse dient der Ausmerzung verschiedener schwierig zu kontrollierender Fehlerquellen. Darunter fällt die zeitliche Änderung der Anregungsenergie, bedingt z. B. durch Änderung der Gaszusammensetzung in der Funkenbahn, oder auch durch Änderung der Funkenlänge. Ferner gehören hierzu das Wandern des Funkens senkrecht zur Spaltöffnung, Ungleichmäßigkeiten beim Entwickeln der Spektralplatten und auch nicht genau eingehaltene Belichtungszeiten.

Wie bereits erwähnt, haben wir Indium als Inneren Standard gewählt. Indium konnte von uns bei der qualitativen Spektralanalyse einer sehr großen Anzahl von Kupferschieferproben verschiedenster Herkunft ohne vorherige Anreicherung auch nicht in Spuren direkt nachgewiesen werden.

Die entscheidenden Daten, wie Anregungsspannung, Siedepunkt und benutzte Wellenlänge der interessierenden Elemente In, Cu, Pb, Zn sind in Tabelle 1 zusammengestellt.

Tabelle 1

Element	Wellenlänge Å	Anregungsenergie eV	Siedepunkt °C
Cu	3273,96	3,78	2595
Zn	3345,02	7,78	907
Pb	2833,07	4,4	1744
In	3258,56	4,1	1450

AHRENS (1954) hat bereits das Indium für die leichtflüchtigen Elemente bei der Silikatanalyse als geeignetes Bezugelement angegeben. Die effektive Brauchbarkeit eines Inneren Standards für den jeweiligen Zweck läßt sich durch die Auswertung von „Fahrspektrogrammen" und Aufstellung von Zeitkurven prüfen. Die Fahrspektrogramme wurden in unserem Fall derart aufgenommen, daß während des ununterbrochenen 10 Minuten langen Abfunkens die Plattenkassette des Spektrographen alle 30 Sekunden senkrecht zur Länge des Spektrums verschoben wurde. Abb. 5 u. 6 zeigen Zeitkurvendiagramme, in denen auf der Abszisse die Zeit in Minuten und auf der Ordinate

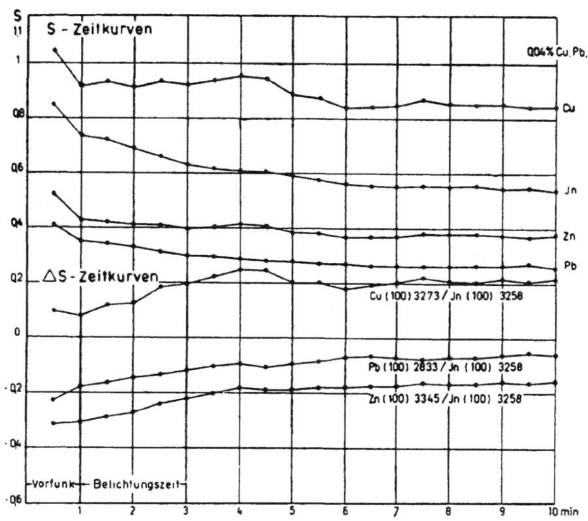

Abb. 5. Fahrspektrogramme bei 0,04% Metallgehalt der Probe

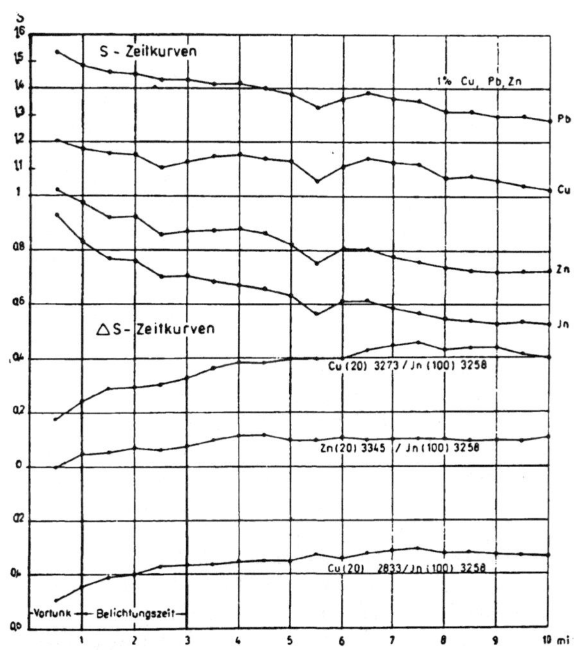

Abb. 6. Fahrspektrogramme bei 1% Metallgehalt der Probe

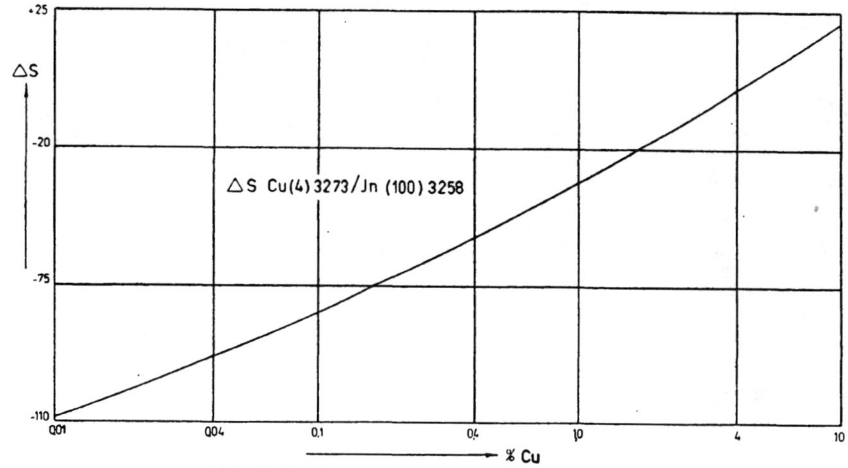

Abb. 7. Eichkurve für Kupfer von 0,01 bis 10%

die photometrierten Schwärzungswerte S bzw. die Schwärzungsdifferenzen Δ S des betreffenden Spektrallinienpaares aufgetragen sind. Die S-Zeitkurven zeigen besonders deutlich, daß die Schwankungen der S-Werte der Indiumlinie 3258,56 Å in zufriedenstellendem Ausmaße mit den Schwankungen der S-Werte von Cu, Pb, Zn konform gehen.

Dementsprechend ist der Verlauf der ΔS-Kurven relativ ruhig. Indium ist daher als Bezugselement für die Analysenelemente Kupfer, Blei und Zink im besonderen in Kupferschiefern geeignet. Ferner erweist sich die Mischung von Spektralkohlepulver und Innerem Standard (Kohlestandardpulver) als ausreichend homogenisiert.

Der Verlauf der Zeitkurven läßt eine Vorfunkzeit von einer Minute für angebracht erscheinen, so daß sich in dieser Zeit bis zur anschließenden eigentlichen Exposition von zwei Minuten ein Verdampfungsgleichgewicht an der Funkenstrecke einstellen kann. Die Dauer der einzelnen Aufnahme beträgt demnach insgesamt drei Minuten.

Verfahrenseichung

Von sehr großer Bedeutung für die quantitative Spektralanalyse mineralischer Rohstoffe ist die sorgfältige Vorbereitung der Eichproben zum Zwecke der Verfahrenseichung. Diese Proben sollen dem zu untersuchenden Material so weitgehend wie möglich in Art und Zusammensetzung ähneln. Es mußte in vorliegendem Fall nicht nur auf „Artgleichheit" der Grundmasse, sondern auch auf eine solche der zugesetzten Metallverbindungen geachtet werden, um den sog. Matrixeffekt auszuschalten oder wenigstens zu reduzieren.

Als Grundmasse diente ein „taubes" Gesteinspulver, das aus einer Mischung verschiedener Mansfelder Kupferschieferflözproben bestand, in denen spektroskopisch kein oder weniger als 0,01% Cu, Pb bzw. Zn nachgewiesen werden konnte. Zur Herstellung der Eichmischungen mit abgestuften Metallgehalten wurden dem tauben Kupferschieferpulver die Sulfide des Kupfers, Bleis und Zinks in Form der natürlichen, ausgesucht reinen Mineralien Kupferglanz, Bleiglanz und Zinkblende beigemengt. Der Kupferglanz stammte aus dem Vitzthumschacht, der Bleiglanz aus dem Hohenthalschacht bei Mansfeld, die Zinkblende vom Picos de Europa in Nordspanien. Die Eichmischungen mit den Konzentrationsstufen von etwa 0,01, 0,04, 0,1, 0,4, 1, 4, 10% Cu, Pb, Zn wurden je durch achtstündiges Mahlen in der Achatkugelmühle unter Zusatz von Alkohol homogenisiert. Die so hergestellten sieben Eichpulver wurden anschließend chemisch-quantitativ unter Zuhilfenahme verschiedener Verfahren (gravimetrisch, titrimetrisch, mit Ionenaustauscher) mehrmals sorgfältig von Herrn Dipl.-Chem. UNGETHÜM analysiert. Die endgültigen Analysenergebnisse wurden dann bei der Aufstellung der Eichkurven als Konzentrationswerte verwendet. Von einer einzelnen Eichmischung wurden jeweils drei Kohlepreßrädchen — bestehend aus 0,5 g Kohlestandardpulver + 0,5 g Eichmischung — spektrographiert, so daß bei der Aufzeichnung der Eichkurven für eine Konzentrationsstufe je 3 Kurvenpunkte vorlagen.

Der Zusammenhang zwischen Intensität der Linienemission und Schwärzung der Spektralplatte ist bekanntlich nicht durchweg linear. Dieser Tatsache wurde durch Streckung des unteren Teils der Schwärzungskurve mit Hilfe der entsprechenden P- oder W-Transformationen der Schwärzungswerte nach SEIDEL, HONERJÄGER-SOHM und KAISER (1944) Rechnung getragen. Um bei der Aufstellung der Eichkurven direkt mit Δ S, Δ P bzw. Δ W-Werten (nicht mit Δ Y-Werten[1])) arbeiten zu können, wurden nur solche Schwärzungen gemessen, die unter den Versuchsbedingungen im linearen Teil der transformierten Schwärzungskurve der Spektralplatte Blau-Extrahart lagen. Unter Verwendung einer geeigneten Filterstufe photometrierten wir daher nur Linienschwärzungen im Bereich von 0,1 bis 1,2 S.

Die Schwärzungsdifferenzen Δ S, Δ P bzw. Δ W stehen dann zur Differenz der Logarithmen der Intensitäten eines Linienpaares Δ Y in folgender Beziehung:

$$\Delta S = \gamma_S \Delta Y \quad \text{bzw.} \quad \Delta W = \gamma_W \Delta Y;$$

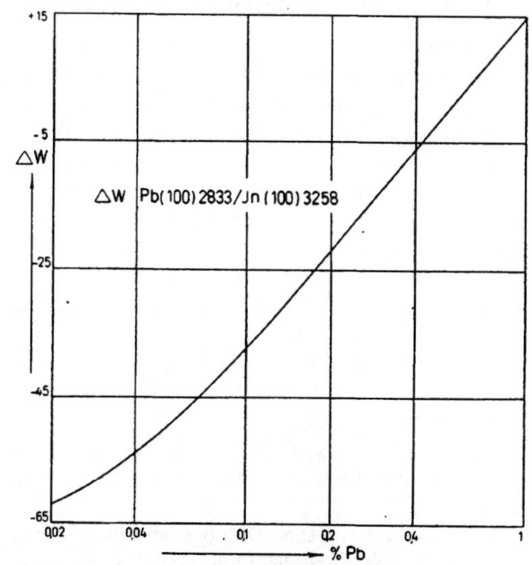

Abb. 8. Eichkurve für Blei von 0,02 bis 1%

[1]) Y = Logarithmus der Linienintensität.

wobei γ die Steilheit oder Gradation der photographischen Schicht bedeutet. Die erhaltenen Eichkurven zeigen die Abbildungen 7 bis 11. Sie gelten natürlich lediglich für Untersuchungen auf Spektralplatten gleichen Typs und gleicher Emulsionsnummer. Für andere Plattenemulsionen müssen neue Eichungen vorgenommen werden.

Reproduzierbarkeit des Verfahrens

Ein wichtiges Erkennungszeichen für die Genauigkeit und Zuverlässigkeit eines spektrochemischen Verfahrens ist seine Reproduzierbarkeit; sie bezieht sich auf alle zufälligen Fehler des Verfahrens. Sie wurde derart ermittelt, daß wir von ein und derselben Kupferschieferprobe 14 Kohlepreßrädchen herstellten und ihre Spektren unter den Verfahrensbedingungen auf eine Spektralplatte aufnahmen. Aus den mit dem Photometer gemessenen Schwärzungsunterschieden ΔS von Analysen- und Bezugslinien wurde mit Hilfe der GAUSSschen Fehlerrechnung der mittleren Fehler der Einzelmessung F_m errechnet:

$$F_m = \sqrt[2]{\frac{\Sigma (f)^2}{n-1}}$$

wobei f die Einzelfehler und n die Anzahl der gemessenen ΔS-Werte (bzw. ΔP- und ΔW-Werte) bedeuten.

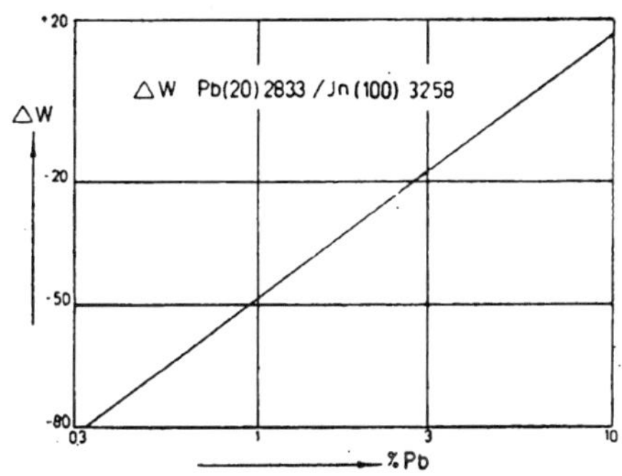

Abb. 9. Eichkurve für Blei von 0,3 bis 10%

Geht man nun mit dem arithmetischen Mittelwert und dem mittleren Fehler von ΔS in die entsprechende Eichkurve, so läßt sich der mittlere Fehler der Einzelmessung in Prozentgehalt des gesuchten Elementes ablesen.

Die untersuchte Kupferschieferprobe enthielt: 1,30 $\pm$ 0,1% Cu; 1,45 $\pm$ 0,1% Pb und 2,60 $\pm$ 0,2% Zn; das entspricht relativen Fehlern von $\pm$7,6% für Kupfer, $\pm$6,9% für Blei und $\pm$7,6% für Zink.

Die spektrale Reproduzierbarkeit des Verfahrens (Reproduzierbarkeit der Anregung, der photographischen Aufnahme und der Photometrie) kann demnach als zufriedenstellend angesehen werden.

Der relative Fehler einer einzelnen Bleibestimmung ist $\pm$6,9% des Gehaltswertes. Spektrographiert man die Probe doppelt, so beträgt der mittlere Fehler des Mittelwertes beider Bleibestimmungen nur noch $\sqrt[2]{\frac{1}{2}} \cdot \pm 6{,}9\% = \pm 4{,}88\%$. Man kann also die Genauigkeit durch Aufnahme mehrerer Spektren derselben Probe beträchtlich erhöhen. Bei der Auswertung von vier Spektren würde sich der mittlere Fehler für die Bleibestimmung von 6,9% auf $\sqrt[2]{\frac{1}{4}} \cdot \pm 6{,}9\% = \pm 3{,}45\%$, d. h. auf die Hälfte, herabsetzen lassen.

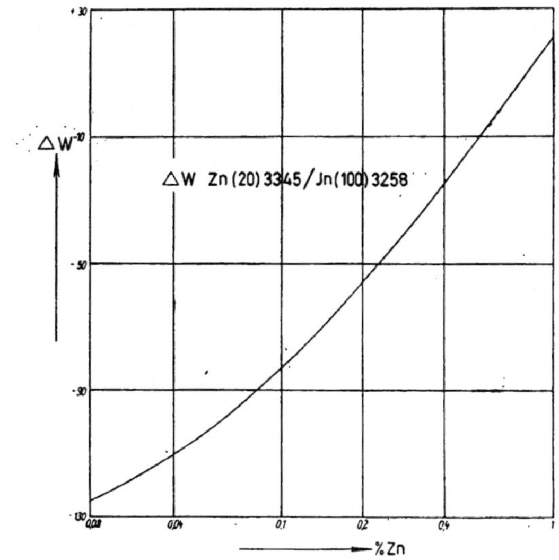

Abb. 10. Eichkurve für Zink von 0,02 bis 1%

Über die absolute Genauigkeit des Verfahrens, zufällige plus systematische Fehler, läßt sich zunächst keine direkte Aussage machen. Hierzu ist es notwendig, das neue spektrographische Verfahren mit den schon bewährten chemischen Analysenmethoden zu vergleichen. Erst das statistische Studium an einer großen Anzahl von Routineergebnissen, die sowohl spektrographisch als auch chemisch erhalten wurden, vermag systematische Unterschiede aufzuzeigen. Das neue Verfahren mit rotierender Preßrädchenelektrode kann natürlich auch zur quantitativen spektrochemischen Untersuchung anderer Mineralstoffe wie Schlacken, in sich artgleicher Gesteine und anderer verwandter Materialien herangezogen werden. Selbstverständlich können die genannten Substanzen, besonders wenn Hauptbestandteile bestimmt werden sollen, zur Ausmerzung aller strukturellen Differenzen noch vorher durch Schmelzfluß in einen homogenen Glaszustand gebracht und dann mit Spektralkohlepulver oder preßfähigen Metallpulvern zu Rädchenelektroden verpreßt werden.

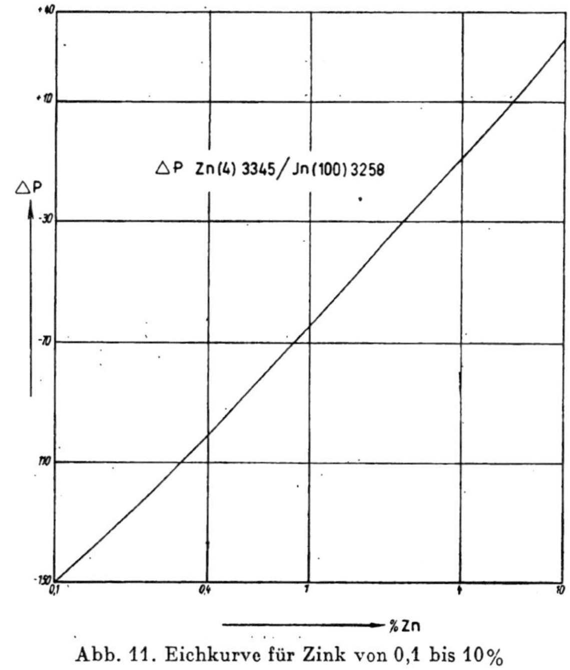

Abb. 11. Eichkurve für Zink von 0,1 bis 10%

Zu danken hat der Verfasser seinen Kollegen vom Zentralen Geologischen Dienst Berlin, Herrn Dipl.-Chem. UNGETHÜM, für die Analysierung der Eichproben, Herrn W. GIERTH für die Hilfe bei der Konstruktion des Preßwerkzeuges, Herrn A. HENNIG für den Umbau des Pulvermischapparates sowie Frau U. PROKOPEK und Fräulein A. TREIDE für die Mitarbeit bei zahlreichen Versuchen und Spektrenauswertungen.

Zusammenfassung

Ein spektrochemisches Verfahren zur quantitativen Bestimmung von Kupfer, Blei und Zink in Konzentrationen von 0,02 bis 10% in mitteldeutschen Kupferschiefern wurde ausgearbeitet. Das Verfahren verwendet unmittelbar den auf < 0,06 mm Korngröße zerkleinerten natürlichen Kupferschiefer. Das Kupferschieferpulver wird innig gemischt mit Spektralkohlepulver und Indiumoxyd als Inneren Standard zu einer Rädchenelektrode verpreßt, die als rotierende Trägerelektrode durch den kondensierten Hochspannungsfunken angeregt wird. Apparatur und Aufnahmebedingungen der photographischen Spektrogramme werden im einzelnen genau beschrieben. Die Reproduzierbarkeit des Verfahrens für eine Kupferschieferprobe mit Gehalten von 1,30% Cu, 1,45%Pb und 2,60% Zn beträgt für Kupfer 7,6%, für Blei 6,9% und für Zink 7,6%.

Die neuartige Preßrädchenelektrode kann auch zur quantitativen spektrochemischen Untersuchung anderer mineralischer Rohstoffe verwendet werden.

Literatur

AHRENS, L. H.: Quantitative spectrochemical analysis of silicates. – London 1954.

BALDI, FR.: L'analyse spectrochimique des laitiers. – Spectrochimica acta 6 (1954) 39–52.

DETTE, K.: Der Kupferschieferflözkern. – Z. angew. Geol. 2 (1956) 252–257.

DÜMECKE, G. & J. WIEGMANN: Beitrag zur spektroskopischen Bestimmung von Eisen, Titan, Kalzium und Magnesium in Tonen und Schamotten. – Silikat-Technik 8 (1957) 324–328.

DÜMECKE, G., H. GERSÖHNE & J. WIEGMANN: Über ein spektrochemisches Analysenverfahren für Silikate und verwandte oxydische Materialien. – Silikattechnik 9 (1958), S. 488–491.

FELDMAN, C.: Direct spectrochemical analysis of solutions. – Analyt. Chem. 21 (1949) 1041–46.

FRISQUE, A. J.: Internally standardized general spectrographic method. – Analytical Chem. 29 (1957) No. 9, 1277–1279.

GILLIS, J. u. J. EECKHOUT: Etude comparative de différentes conditions d'excitation pour l'analyse spectrale quantitative des laitiers. – Spectrochim. acta 4 (1951) 284–301.

HERRMANN, A. G.: Bedeutung des Verdampfungsgleichgewichtes bei der Anwendung von Kohlerädchen und Stabelektroden für spektrochemische Lösungsanalysen. – Chemische Technik 8 (1956) 132–134.

HONERJÄGER-SOHM, M. & H. KAISER: Berücksichtigung des Untergrundes bei der Messung von Intensitätsverhältnissen. – Spectrochim. acta 2 (1944) S. 396 ff.

KELLERMANN, K.: Die Anwendung der spektrographischen Analyse im Eisenhüttenlaboratorium. – Archiv f. Eisenhüttenwesen 3 (1929) 1–7.

LEUTWEIN, FR. & KL. DOERFFEL: Zur Methodik der Lösungsspektralanalyse. – Bergakademie 7 (1955) 426–433.

LOUNAMAA, N.: Spectrographic analysis of copper-making and lead-making slags for major constituents. – Spectrochim. acta 7 (1956) 358–366.

OTTEMANN, J.: Einfache Hilfsvorrichtungen für die spektrochemische Mineralanalyse. – Bergakademie 8 (1956) 116–121.

PRICE, W. J.: Spectrographic analysis of complex oxides with particular reference to slags and ores. – Spectrochim. acta 6 (1953) 26–38.

SCHEIBE & RIVAS: Eine neue Methode der quantitativen Emissionsspektralanalyse. – Z. angew. Chem. 49 (1936) 443–446.

Fundortbedingungen und industrielle Verwendung von Spurenelementen[1]

(Fortsetzung und Schluß aus Heft 4/59)

I. G. MAGAKJAN, Moskau

Seltene Erden – Lanthaniden (La) und Scandium

Die Elemente der seltenen Erden umfassen ungefähr 0,005% der Erdkruste, wobei ein Drittel dieser Menge auf Cer entfällt. Bei den Elementen der seltenen Erden unterscheidet man zwei Gruppen. Die Cer-Gruppe enthält: Ce, La, Pr, Nd, Pm, Sm und Eu (Cer, Lanthan, Praseodym, Neodym, Promethium, Samarium und Europium).

Zur Yttrium-Gruppe gehören: Y, Gd, Tb, Dy, Ho, Er, Tu, Yb und Lu (Yttrium, Gadolinium, Terbium, Dysprosium, Holmium, Erbium, Thulium, Ytterbium und Lutezium.

In der Industrie wird schon seit langem Cer in Gaslampen als Strumpf (99% Th und 1% Ce), in Neonlampen, in Legierungen mit Al und Mg und als CeO_2 zum Schleifen optischer Gläser angewandt. In den letzten Jahren setzt man Ce (0,02–0,2%) als Legierungsveredler dem Gußeisen und Stahl zu. Lanthan findet in der Keramik und in Legierung mit Al Verwendung. Das Oxyd des Lanthans wird in der Seidenindustrie benötigt.

Von den anderen Elementen der seltenen Erden gewinnt Yttrium eine große wirtschaftliche Bedeutung in Elektroden von Lichtbogenlampen und besonders zur Erzeugung ultravioletter Strahlen.

Eine nicht große, aber sehr wichtige Verwendung fand das Element Praseodym (in Legierung mit Al in der Flugzeugindustrie) und Thulium (zur Herstellung transportabler Röntgengeräte). Die Verbindungen von Cer, Gadolinium, Samarium und Europium sind Bestandteile spezieller Leuchtfarben.

Die geochemische Gruppe der Lanthaniden ist eng mit alkalischen und sauren Intrusiva verbunden. Sie konzentrieren sich in Pegmatiten, Greisen, Skarnen und teilweise auch in hydrothermalen Bildungen.

Die Hauptquelle der seltenen Erden sind: Monazit (Ce, La..) PO_4 mit einem Gehalt der Verbindung SE_2O_3 bis 68% (in diesem Anteil ist Y_2O_3 bis zu 5% vertreten), Xenotim YPO_4 mit SE bis 63%, Loparit (Na, Ce, Ca) $(Nb, Ti)O_3$ mit Gehalten von SE_2O_3 bis 34% und Gadolinit $Y_2FeBe_2Si_2O_{10}$. Orthit enthält bis 23% $Ce_2O_3 + La_2O_3$, Apatit und Lowtschorit bis 1,5% Y, Glimmer und Topas bis 1%, Kassiterit bis 0,1% der Summe SE_2O_3.

Industrielle Bedeutung haben die primären Lagerstätten, sowie marine und alluviale Seifen des Monazits und Xenotims (in der UdSSR, Brasilien und Indien).

Scandium (Sc) ist durch eine Reihe seiner Eigenschaften mit den Elementen der seltenen Erden und

[1]) Herausgegeben von der Akad. d. Wiss. der Armenischen SSR, Erewan 1957.

damit der Yttrium-Gruppe verwandt. Es wurde von D. J. MENDELEJEW im Jahre 1871 vorausgesagt und von ihm als Ekabor bezeichnet. Entdeckt wurde dieses Element 1879 von NILSON.

Clarke des Scandiums 0,0006%. Scandium konzentriert sich im pegmatitischen und pneumatolytischen Stadium. In den Pegmatiten von Norwegen und Madagaskar wurde das Mineral Thortveitit mit der Zusammensetzung $(Sc, Y)_2Si_2O_7$ und einem Gehalt von 40% Sc_2O_3 aufgefunden. Scandium befindet sich isomorph im Columbit und Malakon (bis 1%), im Granat von Skarnzonen, der arm an Eisen ist (0,01–0,5%), im Orthit (0,02–0,1 bis 1%), im Lepidolith und Muskowit (bis 0,4%) und im Wolframit und Kassiterit (bis 0,1 bis 1% ScO_2).

In der Asche von Steinkohlen trifft man Gehalte von 60–400 gr/t Scandium. Wässer, die eine große Menge von Hydrokarbonationen enthalten, sind reich an Scandium (bis 50–60 mgr/l).

Die industrielle Erzeugung erfolgt aus Wolframit- und Kassiterit-Konzentraten.

Die Schmelztemperatur des Scandiums beträgt 1400 C°; die von Scandiumnitrid (ScN) 2900° C bei einer hohen elektrischen Leitfähigkeit. Scandium und Scandiumnitrid werden in der Elektrotechnik, sowie in Legierungen, die hohe Temperaturen auszuhalten haben, verwendet.

Bor (B)

Bor wurde in reinem Zustand im Jahre 1808 dargestellt. Metallisches Bor ist hart und spröde. Breite Verwendung findet es in der Metallurgie bei der Herstellung besonderer Stähle (in Form von FeB), wobei der Einfluß des Bors auf Stahl analog dem des Kohlenstoffes ist, jedoch viel effektiver. Boride von Ti, Zr, Ta, Nb, Cr und Mo sind sehr hart und schwerflüssig. Die Borkarbide (B_4C und B_3C) sind härter als Diamant und ritzen ihn. Bor findet bei der Herstellung von Schneidewerkzeugen und als Beimischung zu Legierungen breite Anwendung.

Bekannt sind zwei B-Isotope: B^{10} (18,83%) und B^{11} (81,17%). B^{10} absorbiert sehr stark und wird in der Kernphysik benötigt. Selbst geringe Borgehalte stören die Kettenreaktion.

Clarke des Bors $3 \cdot 10^{-4}$%. Es ist ein lithophiles Element und geochemisch mit sauren, granitischen Magmen verbunden. Auch in Pegmatiten und pneumatolytischen Bildungen kann es sich anreichern. In Skarnen trifft man ebenfalls Anreicherungen dieses Elementes. In vulkanischen Exhalationen (Sassolin — H_3BO_3) tritt Bor sehr häufig auf. Unter exogenen Bedingungen konzentriert es sich in Form von Boraten zusammen mit Na- und Mg-Salzen in Salzseen (B 0,06% und mehr).

Nach W. W. SCHTSCHERBINA enthalten eine Reihe heißer Mineralquellen Bor (bis 28% im trockenen Rückstand), in Schlammvulkanen (bis 4%) und in Erdöl- und Salzwässern (0,01–0,6% B). In sedimentären Eisenerzen liegt der Bor-Gehalt bei 0,1% B_2O_3. Einige Pflanzen besitzen die Fähigkeit, Bor zu konzentrieren. Die Asche der Erbsen enthält 0,5% B_2O_3; die Asche des Roggens 0,02% und die Asche der Buche 0,5%. Die Wasserpflanzen Laminaria und Fucus enthalten 1% B_2O_3.

Die Hauptquellen des Bors sind exogene Borate — Borax ($Na_2B_4O_7 \cdot 10\,H_2O$), Pandermit ($Ca_5B_{12}O_{23} \cdot 9H_2O$), Ascharit ($MgHBO_3$), Borazit ($Mg_6B_{14}O_{26}Cl_2$), Colemannit ($Ca_2B_6O_{11} \cdot 5\,H_2O$), Hydroborazit ($MgCaB_6O_{11} \cdot 6\,H_2O$), Kernit ($Na_2B_4O_7 \cdot 4\,H_2O$) und andere, aber auch Silikate des Bors — Datolit $CaBSiO_4(OH)$ und Ludwigit $(Mg, Fe)_2Fe(BO_3)_3O_2$. Die beiden letzteren Mineralien geben wirtschaftliche Anreicherungen in Skarnzonen verschiedener Eisen- und Buntmetall-Lagerstätten. In der letzten Zeit verwendet man als Rohstoff zur Gewinnung von Bor auch Turmalin und reiche Turmalinerze (Kupfer-Turmalin-Lagerstätte Braden/Chile, Gold-Turmalin-Lagerstätte Dmitriewskoje in Transbaikalien u. a.).

Cadmium (Cd)

Cadmium wurde 1817 entdeckt und gewann Anfang des 20. Jahrhunderts industrielle Bedeutung. Im Jahre 1953 betrug die Erzeugung des reinen Metalls 7500 t, die hauptsächlich in den USA bei der Zinkproduktion gewonnen wurden.

Cadmium wird für leichtschmelzende Legierungen (zum Überziehen auf Metall an Stelle von Sn und Zn), als Cadmiumbronze (Cd bis 1%) und bei der Herstellung von Farben verwendet.

Eine breite Anwendung findet der Cu-Cd-Draht als Oberleitung für Trolley-Busse (ein geringer Zusatz von Cd verringert die Abnützung sehr stark). Cadmium verwendet man auch bei Legierungen für Lager, für Akkumulatoren und zur Herstellung von Fotoelementen. Des weiteren sind Mitteilungen über die Entwicklung von Sonnenbatterien auf der Basis von Cd — CdS mit dem hohen Wirkungsgrad von 8% bekannt geworden. Der Wirkungsgrad kann nach einer Ergänzung der Apparatur bis auf 20% gebracht werden.

Clarke des Cadmiums 0,00005%. Cadmium findet man gewöhnlich in der honiggelben Zinkblende in Mengen von 0,5%–1%, seltener bis 5% (in einer sehr Cd-reichen Varietät-Pribramit). Beimischungen von Cadmium trifft man auch im Alabandin, Chalkopyrit, Enargit, Galenit, Fahlerz und Germanit.

Die Hauptquelle der Cd-Gewinnung sind die Zink-Konzentrate.

Es sind selbständige Cd-Minerale bekannt — Greenokkit (CdS) mit Gehalten von Cd bis 77% und Otavit ($CdCO_3$) mit Gehalten von 74,5% CdO. Sie geben allerdings keine größeren Konzentrationen und sind nur mineralogisch von Interesse.

Greenockit bildet sich in der Oxydationszone bei beginnender Verwitterung in Form kleiner, gelber Kristalle, als Belag auf der Oberfläche von Sphalerit und in den Spaltrissen des Sphalerits, Pyrits und anderer Sulfide.

Otavit ist charakteristisch für die Oxydationszone und in Smithsonit- und Galmei-Erzen anwesend.

Es ist interessant, daß man Cadmium im Körper einiger Mollusken fand (bis 0,04% im trockenen Stoff), sowie in einigen Phosphoriten (0,01% Cd).

Gallium (Ga)

Ein Element mit den Eigenschaften des Galliums wurde von D. J. MENDELEJEW vorausgesagt und im Jahre 1869 unter den Namen Ekaaluminium beschrieben. Im Jahre 1874 stellte ein französischer Chemiker bei der spektralanalytischen Untersuchung pyrenäischer

Zinkblende ein neues Element fest, das er Gallium nannte und dessen Eigenschaften mit denen des Ekaaluminiums übereinstimmten.

Es ist zu bemerken, daß MENDELEJEW in einem speziellen Brief an den französischen Akademiker die falsche Bestimmung des spezifischen Gewichtes erwähnte und darauf hinwies, daß in Übereinstimmung mit anderen, die die Eigenschaften des Elementes beschrieben hatten, das spezifische Gewicht des Galliums (Ekaaluminium) 5,9–6,0 lauten muß. Dies bestätigte die Wiederholungsanalyse glänzend, die die Größe von 5,96 ergab.

Bemerkenswerte Eigenschaften des Galliums sind seine niedrige Schmelztemperatur (29,75° C) und die hohe Siedetemperatur (2000–2100° C). Im Zusammenhang damit wird Gallium in Thermometern zur Messung hoher Temperaturen und zur Kontrolle des metallurgischen Prozesses verwendet. Gallium verwendet man auch in Legierungen mit Cd, Al und Zn in Kathodenlampen und Lampen mit metallischen Dämpfen, ferner in Galliumspiegeln von hoher Reflexionsfähigkeit (flüssiges Gallium haftet gut auf Glas und reflektiert 88% des Lichtes), in Signalisations- und automatischen Einrichtungen, Radiolampen, optischen Gläsern mit hoher Brechung und in Stromgleichrichtern (an Stelle von Hg). Eine Zugabe von Gallium zu Aluminium verbessert dessen plastische Eigenschaften; als Zugabe zu Magnesium dient es der Erhöhung der Reißfestigkeit desselben.

Clarke des Galliums 0,0015%. Es assoziiert mit Aluminium, was wahrscheinlich auf die Größe der Ionenradien von Al (0,57 Å) und Ga (0,62 Å) zurückzuführen ist. Selbständige Ga-Minerale waren bisher nicht bekannt[1]). Eine maximale Konzentration (bis 2%) kann man im Germanit – Cu_3 (Ge, Ga, Fe, Zn)S_4 – der Lagerstätte Tsumeb in SW-Afrika feststellen.

Einen erhöhten Gehalt findet man in den Al-reichen Mineralien: Nephelin (0,01–0,1% und mehr), Muskowit (bis 0,1%), Spodumen (bis 0,07%), aber auch im Sphalerit (gewöhnlich im hellbraunen; 0,01–0,1% bis 0,22% im pyrenäischen Sphalerit), Diaspor, Bauxit, verschiedenen Kohlen (nach dem Verbrennen findet sich in der Asche 0,04–1,58% Ga), im Staub (Ruß) von Gasfabriken (0,38–0,75% Ga_2O_3 und 0,29–1,24% GeO_2) und in Eisenerzen.

Die wirtschaftliche Gewinnung des Galliums erfolgt aus Sphalerit-Konzentraten, aber auch aus Stäuben, die man bei der Vergasung Ga-haltiger Kohlen erhält. Im Jahre 1955 betrug die Weltgewinnung einige Tonnen (in den USA, England und Westdeutschland).

Im Zusammenhang mit der Verarbeitung der Nephelinkonzentrate und Nephelinsyenite auf Aluminium erhält die Gewinnung von Gallium, das im Nephelin isomorph auftritt, eine erhöhte Bedeutung.

Zieht man die erheblichen Ausmaße der Verarbeitung von Nephelingesteinen auf Aluminium in Betracht, dann kann man nebenbei noch einige zehn Tonnen Gallium erhalten. Nach V. M. GOLDSCHMIDT kann man wahrscheinlich Al und Ga bei der Elektrolyse in Na-Aluminat und -Gallat trennen unter Verwendung von flüssigem Quecksilber als Kathode, um die sich metallisches Gallium sammelt.

[1]) Neuerdings hat Prof. STRUNZ $CuGaS_2$ in Erzen von Tsumeb entdeckt.

Germanium (Ge)

Germanium wurde von D. J. MENDELEJEW im Jahre 1871 vorausgesagt und Ekasilicium genannt. Die Haupteigenschaften des Elementes wurden ebenfalls damals beschrieben (Atomgew. 72, spez. Gew. 5,5 usw.) und stimmten fast genau mit den später festgestellten Angaben überein (Atomgew. 72,6, spez. Gew. 5,47). Im Jahre 1886 wurde Germanium von dem deutschen Chemiker S. WINKLER entdeckt. Es ist von Interesse, daß WINKLER achtmal eine Vollanalyse eines neuen Minerals durchführte, welches aus einer Freiberger Lagerstätte stammte. Bei jeder Analyse differierte das Ergebnis um 7%. Er schlußfolgerte auf das Vorhandensein eines neuen Elementes in den untersuchten Mineralien. Er nannte das neue Element Germanium. In Übereinstimmung mit der Analyse enthielt das Mineral 74,92% Ag, 6,33% Ge, 17,13% S und Beimengungen von Fe und Zn 0,88% und 0,31% Hg. Das Mineral wurde Argyrodit genannt; seine Formel ist Ag_8GeS_6.

Germanium wurde in den Jahren des zweiten Weltkrieges zur Herstellung von Kristalldetektoren mit Halbleitereigenschaften verwendet. Der erste Typ der Germaniumgeräte, die wirtschaftliche Bedeutung erlangten, war die Diode. Sie stellt einen Metallfaden dar, auf den ein dünnes Plättchen Germanium größter Reinheit aufgedrückt wurde. An diese beiden Pole wurden elektrische Leiter angelötet und alles zusammen in einer Patrone von der Größe eines Maiskornes untergebracht. Dieses Element wirkte wie ein kristalliner Gleichrichter und erfüllte die gleichen Funktionen, die eine Radioröhre erfüllt. Die Vorteile desselben sind seine kleinen Abmessungen, die eine geringe Kapazität erfordern, und seine große Zuverlässigkeit. Seit 1948 verwendet man Ge-Trioden, die als Transistoren bekannt sind. Die geringe Größe, die Zuverlässigkeit ihrer Arbeit und die hohe Lebensdauer (bis 10 Jahre) führten zu einer bedeutenden Verbesserung in der Konstruktion und dem Charakter verschiedener Apparaturen, besonders der elektrischen Rechenmaschinen und auf dem Gebiete der Elektronik.

Germanium wird in fotoelektrischen Geräten in größerem Umfange angewandt. Ferner benützt man Germanium bei der Herstellung von Wechselstromgleichrichtern und Mikrowellen in der Radiotechnik, beim Fernsehen, bei Radargeräten und bei polarographischen Apparaturen. Eine geringe Ge-Menge wird Legierungen von Al, Mg, Cu, Ag und Au beigemengt. Legierungen von Ge mit Au (Ge mehr als 8%) besitzen die Eigenschaft, beim Erstarren ihr Volumen zu vergrößern. Dies ist bei genauen Abgüssen wichtig. Ge-Bronze (Cu und mehr als 25% Ge) ist säurefest und löst sich lediglich in Königswasser. Das Ge-Dioxyd erhöht in optischen Gläsern die Lichtbrechung und die Dispersion derselben.

Ge-Präparate werden mit Erfolg bei der Behandlung von Blutarmut und Schlafkrankheit benutzt (Ge stimuliert die Bildung der roten Blutkörperchen).

Die Weltgewinnung des Germaniums betrug 1955 20 t, davon entfallen 18 t auf die USA und der restliche Teil hauptsächlich auf England. Die Gewinnung des Germaniums erfolgt auch in der UdSSR. Der Preis des Germaniums im Ausland (außerhalb der UdSSR; d. Red.) beläuft sich auf $^2/_3$ des Au-Preises.

Clarke des Germaniums 0,0007%. Es konzentriert sich in hydrothermalen Buntmetall- und Cu-Erzen (häufig in Erzen, die reich an Ag, Sn und As sind), in einigen Typen sedimentärer Fe—Mn-Erze und in Kohlen.

Die Hauptquelle des Germaniums in der gegenwärtigen Zeit sind die Zinkkonzentrate der Lagerstätte Tristate/USA (Sphalerit enthält hier 0,01 bis 0,1% Ge), aber auch die Asche und der Ruß, den man bei der Verbrennung von Kohlen und Koks einiger Lagerstätten der UdSSR und Englands erhält.

Es ist aber zu bemerken, daß zum Unterschied von der Mehrzahl der Spurenelemente Germanium nicht nur in Form von Beimischungen in anderen Mineralien vorliegt, sondern auch selbständige Ge-reiche Mineralien bildet: Germanit, Argyrodit und Canfieldit.

Germanit trifft man in wirtschaftlichen Konzentrationen in der Lagerstätte Tsumeb/SW-Afrika in Assoziation mit Pyrit, Tennantit, Enargit, Galenit und Sphalerit. Die Zusammensetzung des Germanits ist Cu_3 (Ge, Ga, Fe, Zn)S_4 und enthält 6—10% Ge und bis 2% Ga.

Hier begann man mit der Gewinnung von Germanium aus diesen Erzen. Lagerstätten mit Germanit sind auch in Indien bekannt. Lagerstätten mit Ge-Mineralien wurden ebenfalls in einigen Gebieten der UdSSR gefunden.

Argyrodit (Ag_8GeS_6) mit Gehalten bis zu 7% Ge und Canfieldit Ag_8(Sn, Ge)S_6 mit Gehalten bis 2% Ge wurden in Ag- und Sn-reichen Lagerstätten Boliviens und in Freiberg festgestellt. Bekannt sind auch andere, zur Zeit noch wenig untersuchte Ge-haltige Mineralien: Renierit (Cu, Fe, Ge, As) S, das bis 7% Ge enthält; Ultrabasit (Diaphorit) mit der Zusammensetzung $Ag_3Pb_2Sb_3S_8$ und Beimischungen bis 2% Ge; Orange-Bornit u. a.

Als Beimischung in Form von Renierit wurde Germanium in den Cu-Erzen von Katanga und Nord-Rhodesien (wo es auch gewonnen wird), im hellen Sphalerit einiger Lagerstätten (bis 0,01—0,1%), Wurtzit (bis 0,3%), Enargit (bis 0,1% und mehr), Pyrargyrit (bis 1%), Stannin, Chalkopyrit, Galenit, Kassiterit, Fahlerz, aber auch im Rutil, Zirkon, Chromit, Ilmenit, Topas (bis 0,1%), Calamin, Quarz (0,001—0,01%) und Zinnwaldit (0,005%) gefunden. Mit Enargit assoziieren manchmal Ge-Mineralien — Germanit u. a. —, die in ihrer Zusammensetzung ähnlich dem Enargit sind und als kleinste mikroskopische Teilchen zu erkennen sind.

In den Kohlen einiger Lagerstätten Englands und anderer Länder sind bis 0,003% Ge und fast die gleiche Menge Ga enthalten. Nach der Verbrennung enthält die Asche 0,01—0,015% Ge. Der Ruß in den Rauchfängen enthält 0,5—2% Ge, das man als wirtschaftliche Konzentrationen bezeichnen kann. Bei der Verkokung der Kohle verbleibt Germanium und Gallium im Koks.

Indium (In)

Indium wurde 1863 von REICH und RICHTER bei der Spektralanalyse von Zinkblende der Lagerstätte Freiberg entdeckt. Der größte Teil des Indiums wird für die Ge-Gleichrichter für Wechselstrom verbraucht (10% des In-Verbrauches). Ferner wird es verwendet für Thermoelemente, Galvanometer, zum Bedecken der Spiegel von Projektoren, sowie in den Netzen der Objektive von Teleskopen. Indium verwendet man auch als Zusatz zu Cu-Legierungen für die Unterwasserteile von Schiffen, zum Bedecken der Oberfläche von Lagern und Propellern schnellfliegender Flugzeuge, als haftendes Metall auf Glas und in leichtflüssigen Schmelzen (eutektische Schmelze 24% In + 76% Ga schmilzt bei 16° C).

Die gegenwärtige Herstellung von Indium im Jahr beträgt 30 t (hauptsächlich in Kanada im Erzbezirk Sullivan — 20 t und in den USA 5 t). Sie basiert auf der Gewinnung aus Zwischenprodukten und Rückständen der Zinkkonzentrate.

Clarke des Indiums 0,00001%. Selbständige Minerale sind nicht bekannt. Indium findet sich als Beimischung in der dunklen Fe-reichen Varietät des Sphalerit-Marmatit, aber auch im Holzkassiterit und Sulfostannaten (Cylindrit u. a.), wobei der In-Gehalt in diesen Mineralien in weiten Bereichen von 0,01 bis 0,1% und manchmal bis 1% schwankt. Geringe Beimengungen von Indium findet man auch im Franklinit, Smithsonit, Calamin, Alunit, Rhodonit, Phlogopit, Mangano-Tantalit, Siderit, Pyrrhotin, Wolframit, Hübnerit und Samarskit. In Pegmatitgängen im Westteil des Staates Utah/USA sind Gehalte bis 2,8% In bekannt (wahrscheinlich im Cordierit). Verschiedene Amphibole enthalten 0,1—1% In.

Es gibt spezifisch reiche In-Provinzen (Brit.-Kolumbien, Bolivien, Ferner Osten der UdSSR, Mittelasien, Transbaikalien u. a.).

Rhenium (Re)

Rhenium wurde 1869 von D. J. MENDELEJEW vorausgesagt und Dwi-Mangan genannt. Im Jahre 1887 veröffentlichte der russische Chemiker S. KERN in einer Mitteilung die Entdeckung eines neuen Elementes aus Platinresten — Dewia —, das in seinen Eigenschaften nahe dem Dwi-Mangan sei. Offiziell wurde das Rhenium 1925 von dem Ehepaar NODDACK und C. DAKE im Molybdänit und gleichzeitig unabhängig von ihnen von I. DRUZE im Pyrolusit entdeckt.

Rhenium ist ein Metall vom spezifischen Gewicht um 21, Schmelztemperatur 3137—3440° C, säurefest im Verhältnis zur Salz- und Flußsäure und den Eigenschaften des Mo, W und Os ähnlich.

Bekannt sind 11 Rhenium-Isotope. Unter ihnen befindet sich das radioaktive Isotop Re^{187} mit einer Halbwertszeit von $4 \cdot 10^{12}$ Jahren, das in Os^{187} übergeht. Bei der Bombardierung von Re mit langsamen Neutronen von Be oder Deuterium (Atome des schweren Wasserstoffes) oder schneller Neutronen von Li entwickelt sich im Rhenium eine Aktivität mit einer Halbwertszeit von 76 bis 90 (für Isotop 186) Stunden.

Rhenium ist ein äußerst kostbares Metall, dessen Anwendungsbereich sich sehr schnell verbreitete. Man verwendet es in Thermoelementen (Legierungen mit Pt), in Form von Re-Überzügen auf Wolframfäden der elektrischen Lampen (die Lebensdauer der Lampen erhöht sich um das Fünffache), in Thermobaren zur Messung von Temperaturen bis 2000° C, als Ersatz für Platin und in Legierungen der Endungen automatischer Kontakte (2% Re, 50—90% W und Cr, bis 30% Fe und Ni oder Co).

In Anbetracht der erhöhten Elektronenemission gewann Re eine breite Verwendung in der Radiotechnik, im Fernsehen und in der Vakuumtechnik. Rhenium ist außerhalb der UdSSR fast zweimal so teuer wie Gold.

Die gegenwärtige Herstellung des Rheniums beträgt einige 100 kg im Jahr und erfolgt in der Hauptsache in der USA und in Deutschland. Das Mansfelder Werk (VEB „Wilhelm Pieck" in Eisleben) gewann in den

Jahren 1939—1945 200 kg Re aus dem Kupferschiefer der außerdem noch 0,018% Mo enthält. Im Mo-Konzentrat liegt der Re-Gehalt bei 100 gr/t. Im Jahre 1956 gewann man 5 t Re aus Molybdänit-Konzentraten der Lagerstätte Climax. Eine bedeutende Menge Re gewinnt man in der UdSSR.

Clarke des Rheniums $1 \cdot 10^{-7}\%$. Es konzentriert sich zusammen mit Mo (die Ionenradien von Mo und Re fallen zusammen und sind gleich 0,68 Å), in geringem Maße mit Sn, W und Ni in hydrothermalen Sulfid-Lagerstätten. Man bemerkt einen hohen Gehalt an Re im Gadolinit ($Y_2FeBe_2Si_2O_{10}$) aus Finnland, sowie in verschiedenen Tantal-Niobaten.

Selbständige Re-Minerale sind nicht bekannt. Reale wirtschaftliche Bedeutung haben Molybdänit-Konzentrate, in denen Rhenium (wahrscheinlich in Form von Re_2S oder Re_2S_7) von 2—20 gr/t bis 200—300 gr/t (0,02—0,03%) und in einzelnen Fällen mehr (bis 0,1 bis 0,25% Re) enthalten ist. Größere Gehalte an Re wurden im Molybdänit einer kleineren Pyrrhotin-Pentlandit-Chalkopyrit-Lagerstätte in Schweden festgestellt (0,25% Re). Rhenium findet sich auch in den Mineralien der seltenen Erden, Tantalo-Columbit, Cu-Sulfiden, Pt- und Mn-Erzen.

Eine zusätzliche Re-Quelle sind die Cu-Konzentrate der Cu-Mo-Lagerstätten. Der Gehalt an Rhenium beträgt dort 5—10 gr/t. Beim Schmelzen dieser Cu-Konzentrate reichert sich Rhenium im Konverterstaub an.

Es ist interessant, daß die Sulfiderze einer Reihe von Lagerstätten 0,5—5 gr/t Re enthalten; in den Oxydationsprodukten dieser Erze fehlt Rhenium aber fast völlig oder ist nur in Spuren vorhanden. Dies hängt mit der leichten Löslichkeit des Rheniums zusammen. In Grubenwässern kann der Re-Gehalt 0,006 mg/l betragen.

Thallium (Tl)

Thallium wurde im Jahre 1861 entdeckt und erhielt in den letzten Jahrzehnten wirtschaftliche Bedeutung. Man verwendet es in Lagerlegierungen (72% Pb + 15% Sb oder As + 5% Sn + 8% Tl), in Legierungen mit Pb, Ag und Cu, in Form eines Zusatzes zu Wolfram in den Glühfäden elektrischer Lampen, als Halbleitermaterial, bei der Herstellung von Fotoelementen und optischer Gläser mit hoher Lichtbrechung. Die Legierung Hg mit Tl (Tl 8,5%) erstarrt bei einer Temperatur von — 60° C und kann in Thermometern unter den Bedingungen der Arktis und der Stratosphäre verwendet werden.

Tl-Sulfat ist stark giftig und findet in der Medizin Verwendung.

Die Kristalle der Zusammensetzung Tl-Br-J sind fähig, infrarote Strahlen hoher Wellenlänge aufzufangen. Im militärischen Signalwesen und in den Schirmwänden der Fotoelemente („Tallofid") wird diese Eigenschaft ausgenutzt.

Die jährliche Gewinnung von Thallium beträgt ungefähr 10 t, die hauptsächlich aus Deutschland und den USA stammen, wo Thallium nicht nur aus Buntmetallen, sondern häufig auch aus dem Kammerschlamm und Staub der Schwefelsäureproduktion gewonnen wird.

Die Hauptquelle der Tl-Erzeugung ist die Zink-Produktion und der Staub, den man beim Rösten von Zn, Pb- und Cu-Konzentraten erhält.

Clarke des Tl $3 \cdot 10^{-4}\%$. Bekannt sind selbständige Mineralien, die reich an Tl sind: Lorandit $TlAsS_2$ mit Gehalten von 60% Tl, Vrbait Tl $(As, Sb)_3S_5$ mit Gehalten von 32% Tl und eine Reihe anderer ziemlich seltener Mineralien, die im allgemeinen mit Realgar-Auripigment- und seltenen Antimonit-Zinnober-Erzen niedrighydrothermaler Lagerstätten assoziieren. Beimischungen von Tl in Mengen bis 0,1% und manchmal mehr (bis 1%) begegnet man im Pyrit, Markasit, Chalkopyrit, niedrigthermalem Sphalerit, Galenit, Alunit, aber auch in Glimmern und kristallinen Pyrolusit-Psilomelan-Erzen hydrothermaler Genese (Transbaikalien). Im Nord-Kaukasus sind selbständige und wirtschaftlich nutzbare Tl-Lagerstätten bekannt.

A. E. FERSMAN erwähnte die Ansammlung von Tl in salzigen Restlösungen, die mit K und Rb angereichert sind. Nach V. M. GOLDSCHMIDT ist Tl manchmal in Alkali-Feldspäten enthalten.

Tellur (Te)

Tellur wurde im Jahre 1782 entdeckt. Seit den letzten zwei Jahrzehnten beginnt man Tellur auf breiter Basis in der Technik zu benützen. Tellur benötigt man als Beimischung zu Blei in Kabeln, in Thermoelementen (mit Cu und Pt), in Tageslichtlampen und in den letzten Jahren als Halbleitermaterial (PbTe und andere Telluride) mit sehr hohem Nutzeffekt. Te-Verbindungen wendet man in der Gummiindustrie und im Kracking-Prozeß an

Im Jahre 1943 erhielt man in den USA (aus den Schmelzrückständen von Cu-Erzen) fast 100 t Te; jedoch verringerte sich später die Gewinnung sehr stark. In der neuesten Zeit benötigt man allein für physikalische Zwecke in den USA 80 t Te jährlich.

Clarke des Tellurs $1 \cdot 10^{-8}\%$. Bekannt sind eine ganze Reihe von Te-reichen Mineralien: Altait PbTe (Te 38%), Tetradymit Bi_2Te_2S (Te 36%), Tellurobismutit Bi_2Te_3 (Te 48%) u. a., die mit hydrothermalen Buntmetallerzen, Wismut, Silber und Gold assoziieren.

Gewöhnlich trifft man auch Beimischungen von Te (0,01—0,1%) in Pyrit, Chalkopyrit, Enargit, Sphalerit, Galenit vieler mittel- bis niedrighydrothermaler Kieslagerstätten, polymetallischen und Cu-Mo-Erzen sowie auch im Chalkopyrit von liquiden Cu-Ni-Erzen.

Die Gewinnung des Tellurs vollzieht sich neben der Gewinnung von Kupfer und Blei aus Buntmetallerzen (aus dem Anodenschlamm und aus dem Staub der Röstöfen). Ebenso gewinnt man es auch neben Ag, Au und Bi aus Goldlagerstätten und aus den Schlammabfällen der Schwefelsäureproduktion.

Selen (Se)

Selen wurde im Jahre 1817 durch den schwedischen Chemiker BERZELIUS in den Rückständen der Schwefelsäureproduktion entdeckt.

Selen findet eine breite Verwendung bei der Herstellung von Se-Gleichrichtern, Fotoelementen, Signalisations- und automatischen Einrichtungen und Kontrollapparaturen, im Fernsehen und in der Fototelegraphie. Selen ändert mit der Lichtstärke seine elektrische Leitfähigkeit. In der Glasindustrie benützt man Selen zur Neutralisation des grünen Schimmers im Glas und zur Herstellung roten Glases. Selen wird Mg-Mn-Legierungen beigemengt, und in der Kautschukindustrie erhöht ein Zusatz von Selen den Widerstand gegen den Verschleiß durch Reibung um 50%. Eine bestimmte Menge Se findet auch beim Kracking-Prozeß als Katalysator Verwendung sowie in der Medizin in Zusammenhang mit der Röntgen- und Radiobehandlung und als Insektenbekämpfungsmittel.

Die Weltgewinnung von Se beträgt ca. 600–700 t im Jahr, die hauptsächlich aus Kanada, den USA und Schweden stammen, wo man Selen aus dem Anodenschlamm bei der Raffination des Kupfers erhält.

Eine zusätzliche Quelle der Se-Gewinnung sind die Rückstände der Schwefelsäureproduktion, bei der sich Se in den Staubkammern anreichert.

Clarke des Selen $6 \cdot 10^{-5}\%$. Das Element konzentriert sich in endogenen Sulfiden. In den Molybdänit-Konzentraten einiger Lagerstätten liegt der Gehalt bei 0,03 bis 0,04% Se, was man durch das Vorhandensein einer Varietät des Molybdänites — Selenomolybdänit — erklärt. Letzterer ist in den Erzen der berühmten Lagerstätten Chingolobwe in Katanga/Belgisch-Kongo festgestellt worden. Die Hauptmasse des Selens konzentriert sich im Pyrit, Chalkopyrit und Galenit, und manchmal im Molybdänit, in Mengen bis 0,02–0,06% sowie im gediegenen Schwefel vulkanischer Lagerstätten (Se bis 5%).

Bekannt sind auch selbständige Se-reiche Mineralien — Selenide des Ag, Pb und Cu, Selenosulfide des Ni, Co u. a. Sie bilden jedoch keine größeren Konzentrationen und spielen als Rohstoff für die Se-Gewinnung eine untergeordnete Rolle.

Größere selbständige Se-Lagerstätten sind in den letzten Jahren im Staate Wyoming/USA entdeckt worden. Nicht selten trifft man eine charakteristische Assoziation von Se mit U (Katanga, Utah, Colorado u. a.).

Selen reichert sich auch in verschiedenen Jarositen und Böden einer Reihe von Gebieten an. Bekannt sind auch Pflanzen, die bis zu 0,2% Se enthalten (Astragalus, Xylorrhiza, Oonopsis, Stanlaya u. a.).

Angaben über die Erkundungsmerkmale und die Methoden der Erkundung von Spurenelementen

Zur ersten Gruppe der Spurenelemente:

T a n t a l und N i o b. Sie sind mit Granitoiden und Alkaligesteinen verknüpft. Wirtschaftliche Bedeutung haben die Granitpegmatite (Tantalit und Columbit), Greisen und die mit ihnen zusammenhängenden Seifen, ebenfalls die magmatischen Lagerstätten des Loparits und metasomatische „Karbonatite“ (Pyrochlor-Perowskit-Erze inmitten der Kalke und Dolomite), die mit Intrusionen alkalischer Gesteine zusammenhängen.

Charakteristische Assoziationen mit Be, Li, Sn, W, Zr, SE, Ti, Th und U.

B e r y l l i u m. Hängt mit granitischen und seltener mit Alkalimagmen zusammen. Wirtschaftliche Konzentrationen gehören zum pegmatitischen und pneumatolytischen Typ (Beryll). Seltener trifft man dieses Element in Skarnen (Helvin, Phenakit, Chrysoberyll) oder es bildet Schlieren von Sprenkelzonen im Granit.

Charakteristische Assoziationen mit Li, Ta, Nb, Sn, W, F (Fluorit) und B (Turmalin).

Z i r k o n i u m und H a f n i u m. Sie sind mit granitischen und Alkalimagmen verbunden. Die Konzentration erfolgt in Pegmatiten, hauptsächlich in Form von Zirkon und in alkalischen Gesteinen in Form des Eudialyt und seines Oxydationsproduktes — Baddeleyit. Hafnium bildet keine selbständigen Mineralien. Man trifft es im Mineral Zirkon. Wirtschaftliche Bedeutung haben die Seifen.

L i t h i u m. Es ist an granitisches Magma gebunden und konzentriert sich in Spodumen-Lepidolith-Pegmatiten und Greisen in Assoziation mit Be, Ta, Nb, Sn, W, Cs und Rb. Li reichert sich auch in den Salzsolen verschiedener Seen an, in den Wässern einer Reihe von Mineralquellen und in den Geysiren.

C ä s i u m und R u b i d i u m. Sie sind mit granitischen Magmen verknüpft und bilden wirtschaftliche Konzentrationen in Pegmatiten, besonders in solchen Varietäten, die reich an Na und Li und nicht selten an Be, Ta, Nb und Sn sind. Am reichsten an Cs und Rb ist der Pollucit. Erhöhte Konzentrationen findet man auch im Beryll, Lepidolith und Amazonit der Pegmatite. Cs und Rb sind im Carnallit und Sylvin und in den Wässern verschiedener Mineralquellen enthalten.

S e l t e n e E r d e n. Sie sind an granitische und Alkaligesteine geknüpft und konzentrieren sich in den einzelnen Differentiaten dieser Gesteine, in Pegmatiten, Greisen, Skarnen, aber auch in Seifen (Monazit, Xenotim, Loparit, Orthit u. a.).

Charakteristische Assoziation mit Ta, Nb, Ti, Th, Zr, U und Be.

B o r. Hängt mit Granitoiden zusammen und reichert sich in Pegmatiten, Pneumatolyten und Skarnen, aber auch in verschiedenen Salzseen an.

Wichtige Erkundungsmerkmale der Spurenelemente der ersten Gruppe sind engster räumlicher und genetischer Zusammenhang mit sauren und Alkaliintrusivgesteinen.

Wirtschaftliche Konzentrationen gehören zum eigentlichen magmatischen Typ (in geschichteten Intrusiva, aber auch in Schlieren und in eingesprengten akzessorischen Mineralien), pegmatitischen, pneumatolytischen und Skarntyp. Einzelne Elemente dieser Gruppe konzentrieren sich auch im Bereich von Salzlagern und Salzseen (B, Li, Cs und Rb).

Charakteristisch ist eine enge Assoziation von Elementen der Gruppe, besonders Ta, Nb, Be, Li, Zr und SE, seltener Cs, Rb, B zusammen mit den Erzen von Sn, W, U, Th und Ti.

Der Hauptteil der Elemente dieser Gruppe ist schwer und bildet beim Verwitterungsprozeß beständige Mineralien (Tantalo-Columbit, Pyrochlor, Loparit, Zirkon, Monazit, Xenotim, Orthit u. a.), die sich in Seifen anreichern und alle Produkte von Ta, Nb, Zr, Hf und Se geben. Die Siebanalyse wird bei der Erkundung dieser Elemente mit großem Erfolge angewandt. Jedoch gewinnt man Be, Li, Cs, Rb und B aus primären Lagerstätten und manchmal aus Mineralien, die schwer zu erkennen sind (Pollucit, ähnlich dem Quarz; Helvin, ähnlich dem Granat usw.). Bei der Erkundung dieser Erze stellt die Spektral- und chemische Analyse eine große Hilfe dar, wobei eine genaue mikroskopische Untersuchung und metallometrische und hydrochemische Erkundungsmethoden erforderlich sind.

Zur zweiten Gruppe der Spurenelemente:

C a d m i u m. Ist in der Zinkblende enthalten, gewöhnlich in der hellgefärbten (honiggelben) und in Form von Greenockit und oxydierten Zn-Erzen anwesend.

G a l l i u m. Konzentriert sich im hellbraunen Sphalerit, der auch Cd und Ge enthält; in Mineralien, die reich an Al sind (Nephelin, Spodumen, Muskowit u. a.), verschiedenen Kohlen und Eisenerzen sedimentärer Genese.

G e r m a n i u m. In Zinkblenden, Enargit, Chalkopyrit, Ge-Mineralien, Ag- und Sn-Mineralien und in verschiedenen Kohlen verbreitet.

I n d i u m. Konzentriert sich in dunklen Fe-haltigen Varietäten der Zinkblende (arm an Cd und Ga), Kassiterit und Sulfostannaten.

Rhenium. Konzentriert sich in der Hauptsache im Molybdänit.

Thallium. Erhöhte Konzentrationen sind mit Pyrit, Chalkopyrit, Markasit, Sphalerit, Galenit und Pyrolusit hydrothermaler Genese verbunden. Mineralien, die sich durch einen hohen Tl-Gehalt auszeichnen, assoziieren mit niedrigthermalen Sb-Hg-As-Erzen.

Tellur. Konzentriert sich in Cu-Ni-Sulfiden, Kiesen, polymetallischen und Cu-Mo-Lagerstätten. Bildet selbständige Mineralien in Assoziation mit Au, Ag, Bi und Pb.

Selen. Tritt zusammen mit Pyrrhotin, Pyrit, Chalkopyrit, seltener mit Galenit, Molybdänit, aber auch mit gediegenem Schwefel vulkanischer Entstehung auf.

Ein wichtiges Erkundungsmerkmal der Spurenelemente der zweiten Gruppe ist ihre enge Verbindung mit Sulfiderzen, hauptsächlich hydrothermaler Genese. Es werden einzelne Assoziationen von Spurenelementen mit bestimmten Erztypen und selektiven Konzentrationen in verschiedenen Mineralien unterschiedlicher Genese festgestellt, die eine große Bedeutung für die Erkundung von Spurenelementen und ihrer Gewinnung aus Erzen, Konzentraten und Rückständen darstellen.

Die Erkundung von Spurenelementen dieser Gruppe wird durch eine große Anzahl von Spektral-, fotokalorimetrischen und chemischen Analysen der Erze, monomineralischen Proben, Konzentraten, aber auch durch genaueste mikroskopische Untersuchung der Erze im Anschliff durchgeführt, die das Ziel haben, selbständige Mineralien von Cd, Ge, Tl, Te und Se zu finden, die gewöhnlich fein verwachsen sind. Untergeordnete Bedeutung haben die hydrochemischen, botanischen und andere Erkundungsmethoden auf Spurenelemente.

Man muß bemerken, daß man bei den Elementen beider Gruppen, ähnlich wie bei den Sn, Cu- und Au-Provinzen, auch für diese Elemente Provinzen und Territorien, die reich an Ta, Nb, Zr, Li oder Ge, In, Rh, Te und anderen Spurenelementen sind, ausgliedern kann.

Literatur

BESSON, Y.: La préparation du glucinium et de ses composes. – Bull. de la Société chimique de France, Nr. 1–2, 1949.
BOROWIK, S. A.: Die Verbreitung des Germaniums in den Sulfiderzen der UdSSR. – Isw. AN SSSR, Ser. geol., Nr. 3, 1938.
BOROWIK, S. A.: Gallium in den Mineralien und Erzen der UdSSR. – Isw. An. UdSSR, Ser. geol., Nr. 3, 1941.
EINECKE, E.: Das Gallium. – Leipzig 1937.
Germanium. – Samml. von Übersetzungen. Moskau 1955.
GLASS, I. I., JAHNS, R. H., STEVENS, R. E.: Helvite and danalite from New Mexiko and the helvite group. – Am. min. 1944, Nr. 5–6.
GMELINs Handbuch der anorganischen Chemie, System-Nummer 10, Selen. Tl. A Lfg. 2, Weinheim 1950.
JAHNS, R.: „Ribbon rock" an anusual beryllium bearing tactite.— Econ. Geol. 1944, V. 39, Nr. 3.
JOHNSTON, W. D.: Beryll Tantalite Pegmatites of Northeastern Brazil.— GSA Bull. (1945), V. 56.
JOST, D., HESSEL, G., HARNER, K.: Die Elemente der seltenen Erden und ihre Verbindungen.— Übers. a. Engl., Moskau 1949.
KRIGINA, N. E.: Die Spodumen-Lagerstätte von Altyn-Tau. – Sap. WMO, Nr. 4, 1948.
KROLL, W. I.: Production and Uses of Rare Metals.— Min. and Met., Nr. 473, 1946.
KURMAN, I. M., MELNITZKIJ, W. W.: Borprovinzen und Erfahrungen bei der Klassifikation der Bor-Rohstoffe. – Tr. Gos. NJJ Gorno-chim. sirja, Nr. 2, 1955.
KUSNETZOW, W. I.: Zur Frage des Auftretens von Spodumen im Prozeß der Bildung der Granitpegmatite. – Mineral. sbornik Lwowsk geol. ob., Nr. 7, 1953.
Le germanium et ses apllications. – Techn. modern., V. 46, Nr. 3, 1954.
MATHER, W. B.: Lithium. Northeast Brazil is potential Source.— Min. Eng. V. 6, Nr. 9, 1954.
Nichtmetallische Bodenschätze der UdSSR, T. II Beryll. – AN SSSR Moskau 1943.
NIKITIN, W. D.: Zur Theorie der Genese der Pegmatite. – Sap. Leningr, gornowo in-ta, T. XXX, 1955.
NODDACK, W., NODDACK, I.: Rhenium und seine Verwendung in der gegenwärtigen Technik. Im Buch „Spurenmetalle". Samml. v. Übers., Moskau 1953.
PROKOPENKO, N. M.: Die Rohstoffbasis des Indiums in der UdSSR. – Lomonossow-Institut, 1937.
PROKOPENKO, N. M.: Erkundungsmerkmale auf Indium.— Dookl. AN SSSR, n. S., T. XXX, Nr. 1.
RANKAMA, K., SAHAMA, TH. G.: Geochemistry. – Univ. Chicago 1949.
SANDERSON, L.: Germanium. – Canad. Min. Journ. V. 74, Nr. 5, 1953.
Searles Lake an Major Lithium Source. – Eng. and Min. Journ. 1945, V. 149, Nr. 69.
SHAW, O. M.: The geochemistry of indium. – Geochemica et Cosmochimica Acta, v. 2, Nr. 3, 1952.
SCHAUB, B. M., SCHENK, B. I.: Pollucite from Lithia, Massachusetts. – The Amer. miner. V. 39, Nr. 7–8, 1954.
STRELKIN, M. F.: Zur Mineralogie der Tscherdojakskowo und Waimursinsker Lagerstätte. – Tr. IGN AN SSSR, F. 51, 1951.
SCHTSCHERBINA, W. W.: Grundzüge der Geochemie des Tellurs.— Isw. AN SSSR, Ser. geol., Nr. 5, 1937
–: Geochemie. -- AN SSSR, Moskau 1939.
WINOGRADOW, A. P.: Geochemie der seltenen und Spurenelemente in Böden.— Deut. Übers.: Akademie-Verl., 1954.
WLASOW, K. A.: Genese der Granitpegmatiten mit seltenen Elementen. – Isw. AN SSSR, Ser. geol., Nr. 5, 1955.

Zur Bestimmung der physikalischen Parameter ölhaltiger Gesteine[1)]

(nach elektrometrischen und radiometrischen Daten für die Berechnung der Erdölvorräte in den Lagern)

F. I. KOTJACHOW, Moskau

Die Bestimmung der absoluten und der industriellen Ölvorräte in den Lagern nach den Resultaten der Untersuchung der Kerne trägt einen recht angenäherten Charakter. Es handelt sich darum, daß die Kernentnahme gewöhnlich aus einer beschränkten Zahl von Erkundungs- und Bewertungsbohrungen erfolgt; die Kerngewinnung übersteigt im besten Falle nicht 60% des mit dem Kernmeißel durchbohrten Intervalls; in der Regel gewährleisten die Verhältnisse bei der Kernentnahme nicht die Gewinnung seiner wahren Wasser-Ölsättigung usw.

Das Gesagte wird noch dadurch unterstrichen, daß das Volumen des Kernes selbst im Vergleich zum Volumen einer Schicht, die auf eine Bohrung entfällt, außerordentlich klein ist.

Infolge dieser erwähnten Ursachen erfolgt die Bewertung der physikalischen Parameter einer Schicht nur an Hand einer sehr beschränkten Anzahl von Daten, die bei der Kernuntersuchung gewonnen werden. Da die Kernentnahme in der übergroßen Mehrzahl der Fälle beim Spülen des Bohrlochs mit Wasser oder mit der gewöhnlichen Tonlösung erfolgt, ist die Bestimmung des in der produktiven Schicht eingeschlossenen Wassers an Hand der Kerne nicht möglich. Freilich erleichtert dieser Umstand die Bestimmung des Erdölabgabekoeffizienten der Schicht an Hand der Kerne, aber er schließt nicht die Notwendigkeit aus, den Gehalt des eingeschlossenen Wassers zu bestimmen, was bei diesen Verhältnissen unmöglich ist. Die Verwendung von Tonlösungen auf Erdölbasis als Waschflüssigkeit erhielt für diesen Zweck bei der Kernentnahme leider bis heute noch nicht die nötige gebührende Verbreitung.

Im Zusammenhang damit werden bei der Berechnung der absoluten und der industriellen Erdölvorräte Elemente der Willkür zugelassen, die zu wesentlichen Fehlern führen.

Eine Liquidierung dieser bei der Vorratsberechnung von Erdöl auftretenden Fehler durch Kernentnahme in

[1)] „Erdölgeologie" (russisch), Nr. 10/1958. Als Diskussionsbeitrag gedruckt.

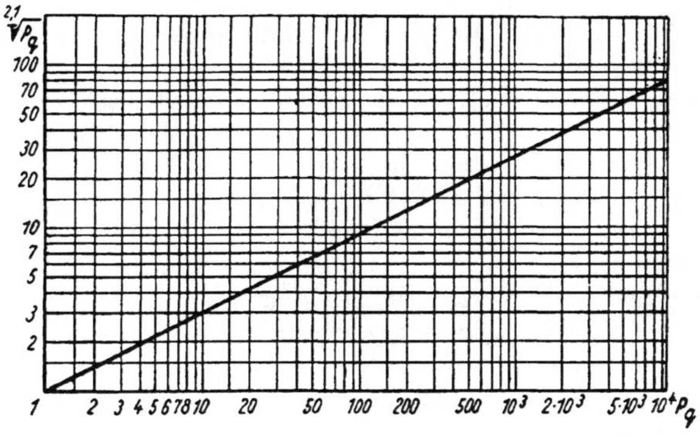

allen niederzubringenden Bohrungen und durch Anwendung von lediglich Öllösung beim Aufschluß der Schicht kann man kaum für richtig halten. Man muß berücksichtigen, daß die Bohrzeit bei der Kernentnahme sehr stark verlängert wird, besonders bei Verwendung von Öllösung, daher würde die Beschreitung dieses Weges zu einem erheblichen Rückgang der Arbeitsproduktivität beim Bohren führen. Andererseits bedürfte es erheblicher Aufwendungen zur Schaffung von Speziallaboratorien mit einem großen Etat von Laboranten und wissenschaftlichen Mitarbeitern für die Analyse der Kerne. Daher dürfen die Maßstäbe der Kernentnahme in den Bohrungen und die Anwendung von Öllösungen als Waschflüssigkeit vernünftige Grenzen nicht überschreiten.

Man darf auch nicht denken, daß die Entfernung dieser Mängel bei der Berechnung der Erdölvorräte durch eine umfassende Ansetzung von Spezialuntersuchungen, die die Bedingungen für die Formierung und die Gewinnung der Öllager modellieren, erfolgen kann. Man darf nicht vergessen, daß die Öllager sogar innerhalb des exploitierten Feldes in der Regel einen außerordentlich komplizierten unterschiedlichen geologischen Aufbau besitzen. Aus diesem Grunde bleiben viele Vorgänge, die sich im Lager während seiner Gewinnung abspielen, für uns unbekannt. Nicht umfassender sind auch unsere Kenntnisse über die Bedingungen der Formierung dieses oder jenes Lagers zu Beginn seiner Gewinnung. Infolgedessen ist eine vollwertige Modellierung der Vorgänge bei der Formierung und Exploitation der Öllager zur Gewinnung der Ausgangsparameter bei der Berechnung von Erdölvorräten mit unüberwindlichen Schwierigkeiten verbunden. Eine nur teilweise Modellierung dieser Prozesse besitzt jedoch wesentliche Fehler. Daher ist der zweite Weg ebenfalls wenig aussichtsreich.

Gegenwärtig gilt der Untersuchung der Möglichkeit, wie die Ergebnisse elektrometrischer und radiometrischer Untersuchungen der Bohrungen für die Lösung des behandelten Problems genutzt werden können, sehr große Beachtung. Neben den auf dem Gebiet der Elektrometrie bereits bekannten Arbeiten liegen Arbeiten über die Benutzung der Radiometrie zur Bestimmung der Dichte und der Porosität der Erdölgesteine vor (POLAK & RAPOPORT 1956, BAKER 1957, DACHNOW, LARINOW & IWANOW 1955). Obgleich diese Arbeiten nur einen Anfang darstellen, geben ihre Ergebnisse unserer Ansicht nach bereits die Möglichkeit, die elektrometrischen und radiometrischen Untersuchungen der Bohrungen für die Bestimmung der Porosität, der Wasser-Ölsättigung und der Ölabgabe der produktiven Schichten auszunutzen. Wir betrachten dieses Problem nun etwas eingehender. Die im folgenden dargelegten Erwägungen beschränken sich verständlicherweise nicht auf die Ausgangsbeziehungen und Ausgangsformeln, obwohl sie unserer Meinung nach am anwendbarsten sind.

In früheren Arbeiten (KOTJACHOW 1956 a und b) haben wir gezeigt, daß der Koeffizient des relativen elektrischen Widerstandes einer erdölführenden Schicht P_q vom Koeffizienten der vollen Porosität (m) und den Koeffizienten der Wassersättigung (α) abhängt. Diese Beziehung wird durch folgende empirische Formel zum Ausdruck gebracht:

$$P_q = \frac{\rho_q}{\rho_0} = \frac{0{,}5035}{(\alpha m)^{2,1}}$$

Hierbei bedeuten: ρ_q — wahrer spezifischer elektrischer Widerstand der Erdölschicht; ρ_0 — spezifischer elektrischer Widerstand des eingeschlossenen Wassers; α und m werden hier in Teilen von 1 ausgedrückt.

Die erhaltene Formel besitzt drei Unbekannte: ρ_0, α und m, daher kann sie nur dann benutzt werden, wenn die Möglichkeit besteht, zwei Unbekannte auf irgendeine andere Weise zu bestimmen.

In dieser Hinsicht wird die Lösung der Aufgabe durch Benutzung der Untersuchungsergebnisse von POLAK und RAPOPORT (1956) erheblich erleichtert, welche Untersuchungen über die Absorption der Gammastrahlen durch Sedimentgesteine angestellt hatten. Auf der Grundlage von Versuchen mit verschiedenen porösen Medien (Sandsteinen, Kalksteinen, Dolomiten, Tonen und Anhydriten) und radioaktivem Kobalt Co^{60}, dessen mittlere Energie der Gammastrahlung 1,25 MeV beträgt, kamen die Verfasser zu dem Schluß, daß der Absorptionskoeffizient der Gammastrahlen von der Gesteinsdichte abhängt und durch folgende Formel bestimmt wird:

$$\mu = 0{,}05\,\rho_g \qquad (2)$$

Hierbei bedeuten: μ — Koeffizient der Absorption der Gammastrahlen in cm^{-1}; ρ_g — Dichte in g/cm^3.

Entsprechend Formel (2) besitzt der Zahlenkoeffizient 0,05 die Dimension cm^2/g.

Wenn man daher den Absorptionskoeffizienten μ nach der Gamma-Gamma-Karottage bestimmt hat, kann man auch nach der Formel (2) die Gesteinsdichte ρ_g finden. Wenn man sich der Werte von P_q und μ bedient, kann man den Koeffizienten der vollen Porosität der Erdölschicht bestimmen. Das Gewicht des Gesteins der erdölführenden Schicht besteht aus dem Gewicht des eigentlichen Gesteins, dem Gewicht des Erdöls und dem Gewicht des Wassers:

$$P_s = P_p + P_ö + P_w \qquad (3)$$

Das Gewicht des Gesteins (der Probe) ist dann

$$P_p = V_g\,\rho_p$$

Hierbei bedeuten: V_g und ρ_p — Volumen des Gesteins und seine Dichte ohne Öl und Wasser.

Das Gewicht des Erdöls im Gestein ist:

$$P_ö = V_g\,m\,(1-\alpha)\,\rho_ö$$

Hierbei bedeutet $\rho_ö$ — Dichte des Öls unter Schichtverhältnissen.

Das Gewicht des Wassers im Gestein beträgt

$$P_w = V_g\,m\,\alpha\,\rho_w$$

Hierbei bedeutet ρ_w — Dichte des Wassers unter Schichtverhältnissen.

Daher kann man den Ausdruck (3) in folgender Form schreiben:

$$\frac{P_g}{V_g} = \rho_p + m(1-\alpha)\,\rho_ö + m\alpha\,\rho_w \qquad (4)$$

Das Verhältnis

$$\frac{P_g}{V_g} = \rho_g$$

hierbei bedeutet: ρ_g — Dichte des Gesteins mit Öl und Wasser.

Wenn man berücksichtigt, daß

$$m = 1 - \frac{\rho_p}{\rho_k} \qquad (5)$$

ist, bestimmen wir die Dichte des trockenen Gesteins aus der Beziehung

$$\rho_p = (1 - m)\,\rho_k$$

Hierbei bedeutet ρ_k — Dichte der Gesteinskörner.

Wenn man in (4) an Stelle von $\frac{P_g}{V_g}$ und ρ_p ihre Werte einsetzt, erhalten wir

$$\rho_g = \rho_k - m(\rho_k - \rho_ö) + m\alpha(\rho_w - \rho_ö) \qquad (7)$$

Wenn man in Formel (7) an Stelle von α und ρ_g ihre Werte aus den Formeln (1) und (2) einsetzt, erhalten wir

$$2\mu = \rho_k - m(\rho_k - \rho_ö) + \sqrt[2,1]{\frac{0{,}5035}{P_q}}\,(\rho_w - \rho_ö) \qquad (8)$$

Daher wird der Koeffizient der vollen Porosität der erdölführenden Schicht aus dem Ausdruck

$$m = \frac{\rho_k - 2\mu + \frac{0{,}721}{\sqrt[2,1]{P_q}}(\rho_w - \rho_ö)}{\rho_k - \rho_ö} \qquad (9)$$

bestimmt.

Bekanntlich kann man ρ_k mit einer für praktische Zwecke genügenden Genauigkeit gleich 2,68 g/cm³ annehmen (KOTJACHOW 1956).

Folglich kann man die Formel (9) auch in der Form

$$m = \frac{2{,}68 - 2\mu + \frac{0{,}721}{\sqrt[2,1]{P_q}}(\rho_w - \rho_ö)}{2{,}68 - \rho_ö} \qquad (10)$$

darstellen.

Wenn der Wert P_q bekannt ist, dann kann der Wert $\sqrt[2,1]{P_q}$ graphisch gefunden werden (s. Abb. auf S. 217).

Wenn man daher die Dichten des Öls und Wassers unter Schichtverhältnissen kennt und den Absorptionskoeffizienten der Gamma-Strahlung bei der Gamma-Karottage und P_q nach der BKS-Methode ermittelt hat, kann man Porositätskoeffizienten der erdölführenden Schicht bestimmen.

Zur Bestimmung von P_q muß man den spezifischen elektrischen Widerstand des eingeschlossenen Wassers (ρ_o) kennen.

Der Wert von ρ_o kann aus entsprechenden Kurven ermittelt werden (KOTJACHOW, MELNIKOW, KASAKOWA & RUMJANZEW 1958), wenn man die Mineralisation des in den Kernen eingeschlossenen Wassers kennt, die bei der Anwendung der Öllösung gezogen wurden. Für diesen Zweck genügt es, die Kernentnahme bei Erdöllösung nur in zwei bis drei Bohrungen ausführen zu können.

Wenn man die Porosität der erdölführenden Schicht nach Formel (10) bestimmt hat, kann man leicht ihre Wassersättigung nach Formel (1) bestimmen. Wenn man sich daher dieser Formeln bedient, kann man Ausgangsdaten zur Berechnung der absoluten Erdölvorräte in den Lagern gewinnen, ohne daß man erst zur allseitigen Kernentnahme schreiten muß.

Nach den gleichen Formeln kann auch der Erdölabgabekoeffizient der Schicht bestimmt werden. Wir nehmen an, daß auf einem exploitierten verwässerten Bereich einer erdölführenden Schicht eine Bohrung niedergebracht wurde, in der die Porosität und die Wassersättigung der Schicht nach den Formeln (1) und (10) bestimmt wurden. Wenn man dann die ursprüngliche Menge des eingeschlossenen Wassers in der Schicht nach benachbarten Bohrungen kennt, die vorher auf die gleiche Weise ermittelt wurde, kann man den Erdölabgabekoeffizienten der verschiedenen Intervalle der Schicht bestimmen, wobei man die folgende Beziehung benutzt:

$$\beta = \frac{\alpha - \alpha_g}{1 - \alpha_g} \qquad (11)$$

Hierbei bedeuten: β — Erdölabgabekoeffizient; α — Koeffizient der laufenden Wassersättigung; α_g — Koeffizient der ursprünglichen Wassersättigung.

In diesem Fall kann ρ_o durch unmittelbare Messung der elektrischen Leitfähigkeit des Schichtwassers bestimmt werden, das in dieser Bohrung bei ihrer Inbetriebnahme entnommen worden ist.

Jedoch beschränkt sich die Bestimmung des Erdölabgabekoeffizienten nicht allein auf diesen Weg. Wie bereits früher festgestellt wurde, (KOTJACHOW 1956, KOTJACHOW, MELNIKOW, TREBIN, KASAKOWA 1956) kann er nach den Ergebnissen der Analyse der Kerne bestimmt werden, die beim Spülen der Bohrungen mit Wasser oder mit gewöhnlicher Tonspülung gezogen wurden. In diesem Fall wird der Koeffizient der Erdölabgabe nach der Formel

$$\beta_o = \frac{1 - \alpha - \beta b}{1 - \alpha} \qquad (12)$$

berechnet.

Hierbei bedeuten: β — Koeffizient der Restölsättigung des Kerns; b — Volumenkoeffizient.

Der Wert von α wird nach den Formeln (1) und (10) berechnet.

Wenn man daher die bei der Kernanalyse erhaltenen Ergebnisse und die Ergebnisse der elektrischen und radiometrischen Bohrlochuntersuchungen benutzt, kann man vollständigere Angaben über die Schicht zur Berechnung der absoluten und der industriellen Erdölvorräte erhalten, und das bei geringen Aufwendungen von Arbeit und Mitteln.

Da wir in diesem Aufsatz nur bei der prinzipiellen Seite der Frage verweilten, ist die Möglichkeit und Zweckmäßigkeit einer weiteren Präzisierung der hier angeführten Beziehungen und Formeln durchaus nicht ausgeschlossen, wenn hierfür ein entsprechender Bedarf besteht.

Literatur

BAKER, P. E.: Density Logging with Gamma Rays.— Journal of Petroleum Technology, October 1957.

DACHNOW, W. N., W. W. LARIONOW & J. M. IWANOW: Die Anwendung radioaktiver Isotope zur Untersuchung der Speichereigenschaften der Gesteine. – Fragen der Bohrlochgeophysik. Abh. des MNI, Nr. 15, 1955.

KOTJACHOW, F. I.: Zur Bestimmung einiger physikalischer Parameter der Gesteine nach Daten für den spezifischen elektrischen Widerstand. Geologie, Erkundung, Gewinnung und Verarbeitung von Öl und Gas. Abh. der Akademie der Erdölindustrie, Nr. III, Gostoptechisdat 1956.

KOTJACHOW, F. I.: Grundlagen der Physik der erdölführenden Schicht. – Gostoptechisdat 1956.

KOTJACHOW, F. I., J. S. MELNIKOW, A. W. KASAKOWA & N. N. RUMJANZEWA: Ergebnisse der Untersuchungen von Porosität und Wassersättigung von in feiner Wechsellagerung befindlichen Gesteinen von Gaslagern. – Fragen der Schichtphysik und -thermodynamik. Abh. des WNII, Nr. XV. Gostoptechisdat 1958.

KOTJACHOW, F. I., J. S. MELNIKOW, P. F. TREBIN & A. W. KASAKOWA: Zur Bestimmung der Koeffizienten der Wassersättigung und Ölabgabe nach den Ergebnissen der Kernanalyse. – Erdölwirtschaft (russ.) Nr. 6, 1956.

POLAK, L. S. & M. P. RAPOPORT: Über die Absorption der Gammastrahlen durch Sedimentgesteine. – Angewandte Geophysik, Nr. 15. Gostoptechisdat 1956.

Bericht über die Tagung zu Fragen der Erdölgenese in Moskau vom 20. bis 28. Oktober 1958

EBERHARD KAUTZSCH, Berlin

In der Zeit vom 20.—28. 10. 1958 fand in Moskau eine Konferenz über Probleme der Erdölentstehung statt. Der unmittelbare Anlaß dazu war die Tatsache, daß eine Gruppe namhafter Wissenschaftler neuerdings verstärkt die Anschauung einer anorganischen Erdölgenese vertritt. Eine wissenschaftliche Auseinandersetzung mit diesen Fachvertretern war deshalb notwendig, weil unklare Vorstellungen über die mit der Erdölentstehung zusammenhängenden Fragen, auf die laufenden und geplanten geologischen Erkundungsarbeiten zum Aufsuchen neuer Erdöllagerstätten einen ungünstigen und hemmenden Einfluß ausüben können. Deshalb wurde diese Tagung durch ein schon vor zwei Jahren gebildetes Organisationskomitee nunmehr im Oktober 1958 einberufen.

Nach Eröffnung der Tagung, an welcher zahlreiche Erdölgeologen aus allen Republiken der Sowjetunion teilnahmen, durch den Vizepräsidenten der Sowjetischen Akademie der Wissenschaften zu Moskau, Akademiker A. W. TOPTSCHIEW, machte zunächst das Korrespondierende Mitglied der Sowjetischen Akademie der Wissenschaften zu Moskau und Vorsitzender des Organisationskomitees dieser Tagung, M. F. MIRTSCHINK, Ausführungen über den gegenwärtigen Stand der Theorien über die Herkunft des Erdöls und die Aufgaben der zukünftigen Forschung. Er ging zunächst auf die großen Aufgaben ein, welche den Erdölgeologen der Sowjetrepubliken von der Sowjetregierung in den kommenden Jahren gestellt sind. Mit eindrucksvollem Zahlenmaterial über die geplante Steigerung der Erdöl- und Erdgasproduktion wurde die Größe dieser gestellten Aufgaben unterstrichen. Dabei ergibt sich die Notwendigkeit, nicht nur die bereits bekannten Erdöllagerstätten der Sowjetunion weiter zu erkunden, sondern es müssen in verstärktem Maße neue Lagerstätten in bisher noch nicht untersuchten Gebieten geologisch erkundet und erschlossen werden. Gerade bei der Lösung der zuletztgenannten Aufgaben muß eine einwandfreie und möglichst sichere Arbeitshypothese über die Fragen der Erdölgenese die Grundlage bilden. Zwar erklärt die weitaus überwiegende Mehrzahl auch der sowjetischen Erdölgeologen die Erdölbildung auf organischem Wege, doch hat der Hauptvertreter für die Erklärung der Entstehung des Erdöls auf anorganischem Wege, N. A. KUDRJAWZEW, kürzlich durch das Mitglied der Ukrainischen Akademie der Wissenschaften, Akademiker W. B. PORFIRJEW, einen Gefährten gewonnen, der neuerdings mit ihm die gleiche Anschauung teilt. Eine Klärung dieser Frage sei deshalb dringend erforderlich, um hier nicht falsche Wege auf Grund irriger Anschauungen zu gehen und um Fehlinvestitionen falsch angesetzter geologischer Erkundungsmittel zu vermeiden. Nach diesen einleitenden Worten über die Problemstellung der Tagung kamen zunächst die beiden Fachvertreter zu Wort, die die Meinung einer anorganischen Entstehung des Erdöls vertreten.

W. B. PORFIRJEW vertrat in seinen Ausführungen die Meinung, daß die allgemeine Theorie über die Bildung von Erdölmuttergestein und über die mit ihr verknüpften, bei der Erdöllagerstättenbildung sich abspielenden Vorgänge in vielen Punkten mit chemischen und physikalischen Grundgesetzen im Widerspruch steht. Er folgerte daraus die Berechtigung zur Aufstellung von geochemischen Schemata, um die Wege der chemischen Umbildung des Ausgangsstoffes und ihre geologischen Bedingungen, wie sie in Erdölgebieten festgestellt werden, zu überprüfen. Bei Ausarbeitung eines solchen zusammenfassenden geochemischen Schemas kam er zu dem Schluß, daß für die Erdölbildung Reduktionsvorgänge in der Tiefe, thermal bedingter Abbau und hochgradige Anlagerung von Wasserstoff wesentliche chemische Vorgänge sind. Bei Überprüfung dieses bereits veröffentlichten Schemas auf seine Anwendung in Erdöllagerstätten der Thetis-Zone im Süden der UdSSR kam er zu folgenden Anschauungen:

1. Alle Erdöllager der Erde haben sich zu Ende des Tertiärs gebildet.
2. Es können keine Lagerstätten, deren Bildung vor Ende des Tertiärs liegt, festgestellt werden.
3. Die Wurzeln des Auftretens von Erdöl reichen tief in das Fundament, wo die Entstehung des Erdöls auf organischem Wege ausgeschlossen ist.
4. Alle Erdölgebiete sind an Zonen großer Brüche gebunden.
5. Es können zwei Phasen des Aufstiegs des Erdöls aus den Tiefenzonen der Erde unterschieden werden, und zwar im Präpaläozoikum und zum Ende des Tertiärs.
6. Graphitbildungen in proterozoischen und archaischen Gesteinen des Ukrainischen kristallinen Schildes stellen Reste metamorphen Erdöls dar.

PORFIRJEW vertrat den Standpunkt, daß die Fülle von Hinweisen auf das Vorhandensein von Kohlenwasserstoffen im kristallinen und metamorphen Gestein des Fundaments nicht zufällig seien. Er verband diese Tatsachen auch mit Anzeichen des Auftretens von Kohlenwasserstoffen in kosmischen Körpern. Darüber hinaus könne auf einen ganzen Komplex geologischer Daten hingewiesen werden, die seine Theorie der anorganischen Erdölgenese unterstützen. Als solche führte er an:

1. Zuverlässige chemische Schemata der Bildung von Kohlenwasserstoffen auf anorganischem Wege.
2. Übereinstimmung mit der modernen Theorie der Entstehung der Erde als Planet auf kaltem Wege und der Gedanken über die Prozesse der Umlagerung der die Erde bildenden Stoffe im Verlauf geologischer Zeiträume.
3. Moderne kosmogonische Hypothesen (Hoyle usw.) mit der Annahme einer ursprünglichen Existenz der Masse der Kohlenwasserstoffe in kosmischem Maßstab.
4. Geotektonische Vorstellungen im Sinne von STILLE, die mit den Ansichten über die Migrationsphasen des Erdöls zur Erdoberfläche übereinstimmen.
5. Externalstrom der flüssigen Stoffe auf der Erde mit Bildung der Hydrosphäre und der Atmosphäre.

Zum Schluß stellte PORFIRJEW drei theoretische Auffassungen über die Bildung disperser Kohlenwasserstoffe, über die Umwandlung homogener Massen bei hoher Temperatur und über eine anorganische Synthese der Kohlenwasserstoffe auf. Er verwarf die Anschauung über die Verteilung der Kohlenwasserstoffe in disperser Form im Erdinnern. Er vertrat die Meinung, daß eine Umwandlung bei hoher Temperatur keine grundsätzlichen Einwände von seiten der Chemie und der Physik erfahren hat und ließ die Frage, ob sich hier Erdöllagerstätten auf diese Weise hätten bilden können, offen. Dabei kam er zu dem Schluß, daß diese Frage genauestens untersucht werden müsse, und zwar unter der Voraussetzung, daß sich das Erdöl auf anorganischem Wege in tieferen Schichten der Erde gebildet und konzentriert habe.

N. A. KUDRJAWZEW ging bei seinen Ausführungen davon aus, daß die geologische Seite des Problems der Erdölgenese als entscheidend anzusehen sei. Dabei forderte er eine möglichst umfassende, viele Tatsachen berücksichtigende Übereinstimmung der Gesetzmäßigkeiten bei der Erklärung der Bildung von Erdöl. Auch er betonte die Tatsache, daß bei Annahme der organischen Erdölentstehung viele Voraussetzungen überhaupt nicht mit der Wirklichkeit übereinstimmen, oder zumindest mit dem Vorhandensein ganz besonders günstiger Bedingungen, wie z. B. bei der Ansammlung von Erdöl im Sediment rechnen. Daraus folgerte er, daß es keine Gesetzmäßigkeiten zwischen organischer Materie und der Erdölführung im Sediment gäbe. Auf der Grundlage der Vorstellung einer Erdölgenese in der Tiefe glaubt er die Übereinstimmung vieler beobachteter Gesetzmäßigkeiten beim Auftreten des Erdöls im Gestein mit einer großen Zahl von Tatsachen zu erkennen, die seine Theorie stützen. Die Unabhängigkeit der Verbreitung des Erdöls von der der Sedimentgesteine bestimmter geochemischer Bildungsbedingungen, die weite Verbreitung des Auftretens von Erdöl im Fundament, die Beziehung zwischen Erdölführung und dem Vorhandensein von Tiefenbrüchen, das Auftreten von Erdöl in vulkanischen Eruptionskanälen, in Erzbergwerken, darunter auch solchen auf dem kristallinen Schild, bestätigen nach seiner Meinung die Herkunft des Erdöls aus der Tiefe. Die paragenetischen Zusammenhänge zwischen Erdöl und Metallen, wie Hg, Fe, Mn, Ag, Cu und anderen mehr, die Genese dieser so unterschiedlichen Stoffe deuten die Wege des Erdöls aus der Tiefe zu den oberen Horizonten der Erdrinde an.

KUDRJAWZEW brachte ein umfassendes Material über das Auftreten von Erdöl, darunter auch größerer lagerstättenmäßiger Ansammlungen in Beziehung zum kristallinen Gestein des Fundaments, ebenso wie bei subvulkanischen Gesteinen, Schlammvulkanen u. a. m. Auch deutete er das Vorhandensein von Synklinallagerstätten in seinem Sinne. Schließlich wies er — ebenso wie PORFIRJEW — auf das Vorhandensein von Kohlenwasserstoffen auf Himmelskörpern und im kosmischen Raum hin.

Zusammenfassend stellte KUDRJAWZEW fest, daß für ihn die Tiefenentstehung des Erdöls eine geologisch bewiesene Tatsache ist. Als noch nicht gelöst betrachtet er die geochemische Seite dieser Frage. Er forderte daher die Forscher auf, unter der Zielsetzung des Auffindens neuer Gesetzmäßigkeiten in der Verbreitung des Erdöls in der Erdrinde, unter Voraussetzung der Betrachtungsweise einer Entstehung des Erdöls auf anorganischem Wege in der Tiefe, die wissenschaftliche Forschungsarbeit weiterzuführen.

Aus der Fülle der nach diesen einleitenden Vorträgen gelieferten Diskussionsbeiträge (mehr als 100) sind eine Reihe sehr bedeutende Bemerkungen herauszuheben. Insbesondere waren die Auseinandersetzungen über verschiedene Fragen der Entstehung des Erdöls auf organischem Wege Brennpunkt der Diskussion. So war es vor allem der Vertreter des Institutes für Erdölgeologie an der Lomonossow-Universität, Prof. J. O. BROD, welcher mit einer Reihe von Mitarbeiterinnen und Mitarbeitern auf die Fragen der einzelnen Stadien der Erdölmigration einging.

Prof. J. O. BROD selbst sprach über die Nutzung der Untersuchungsergebnisse an disperser organischer Materie zur Bewertung der Erdöl- und Erdgashöffigkeit des östlichen Vorkaukasus. Seit 1947 wurden in seinem Institut (Lehrstuhl für Geologie und Geochemie fossiler Brennstoffe) lithologisch-bituminologische Forschungen über die mesozoischen Schichten des obengenannten Gebietes durchgeführt. Diese Forschungen wurden durch eingehende Spezialuntersuchungen des Unions-Forschungsinstitutes für geologische Erdölerkundung „WNIGRI" besonders an organischen Komponenten der Bitumina und der Erdöle der Tschokraksker-Karaganskers Ablagerungen von 1952 bis 1955 durchgeführt. In der Tabelle (s. Seite 221) sind die verschiedenen Ablagerungen von Erdölmuttergesteinen und die möglichen Wanderwege der Bitumina zu den Speichergesteinen sowie die bisher bekannten erdöl- und erdgasführenden Komplexe dargestellt. Sie zeigen die Vielseitigkeit der einzelnen Vorgänge, welche zur Lagerstättenbildung führen. Dabei wurde in der Hauptsache bestätigt, daß die im ersten Forschungsabschnitt gemachten theoretischen Schlußfolgerungen über die gesetzmäßigen Beziehungen der erdöl- und erdgasführenden Schichtenfolgen zu den tonig-sandigen Gesteinen zu Recht bestehen. Vermittels der durchgeführten Untersuchungen wurde festgestellt, daß der Prozeß der Bitumenbildung und der Migration der in der Zusammensetzung des Erdöls enthaltenen Bitumina aus tonig-aleuritischen[1]) in aleuritisch-sandigen Gesteinen sich bis heute in den Gesteinsschichten fortsetzt, die ihre Elastizität nicht eingebüßt haben. Schwieriger ist das Problem der Bitumenbildung und der Erdöl- und Erdgasentstehung in Karbonatgesteinen, die keine Plastizität mehr aufweisen. Zu diesem Problem waren die Ausführungen einer Mitarbeiterin von Prof. BROD von besonderer Bedeutung, in welchen Untersuchungsergebnisse der von ihr im Laboratorium gemachten Versuche mitgeteilt wurden. Hierbei wurden die Vorgänge bei der Primärmigration, insbesondere im tonigen Gestein, z. B. der Maikop-Serie, beim ersten Zusammenfließen von Erdöl und der Bildung der ersten Erdöltröpfchen durch Beeinflussung von Methan referiert. Die Versuche waren in bezug auf die hierbei wirkenden Kräfte von Druck, Temperatur und den Lösungsvorgängen der Bitumina unter Einwirkung von Methan sehr demonstrativ.

Zusammenfassend kann gesagt werden, daß durch die Forschungen dieser Gruppe, insbesondere durch komplexe geologisch-chemische Untersuchungen, die Klärung der Vorgänge bei der Bitumenbildung und die

---

[1]) Der Begriff „Aleurit" läßt sich auf das griechische Wort „aleuron" — Mehl — zurückführen. Man versteht im russischen Sprachgebrauch darunter ein lockeres klastisches Sedimentgestein, das eine Zwischenstellung zwischen den rein sandigen und rein tonigen Gesteinen einnimmt. In den Aleuriten dominiert die Kornfraktion von 0,1—0,01 mm. Dem Begriff „Aleurit" entspricht im Englischen das Wort „silt". — Aleurolith ist zementierter Aleurit. (Die Red.)

Bekannte und mögliche Erdölmuttergesteinsfolgen und öl- und gasführende Folgen der mesozoischen und tertiären Schichten des östlichen Kaukasusvorlandes

Geologisches Alter	Mögliche Ölmuttergesteinsschichten	Mögliche Speisung mit Bitumina	Speichergesteinspakete, -serien und -folgen	Bekannte und mögliche öl- und gasführende Komplexe
OBERMIOZÄN	Tonig-mergelige Schichten des Sarmat	→	Aleurolithisch-tonige Schichtpakete des Sarmat	Aleurolithisch-tonige Folge des Obermiozäns
MITTELMIOZÄN	Aleurolithisch-tonige Schichten des Tschokrak- und des Karagan-Horizontes	→	Sandig-tonige Serien der Tschokrak-Karagan-Folge	Sandig-tonige Serie des Mittelmiozäns
PALÄOGEN	Aleurolithisch-tonige Schichten der Maikop-Serie	→ ↗	Sandig-aleurolithische Schichtpakete der Maikop-Serie	Aleurolithisch-tonige Serie des Maikop und Chadum
	Tonig-mergelige Schichten des Chadum-Horizonts	→	Sandig-aleurolithische Schichtpakete und klüftige Mergel des Chadum-Horizonts	
	Bituminöse tonig-mergelige Schiefer des Kum-Horizonts	→	Klüftige Mergel der oberen Foraminiferenschichten	Karbonatische Folge der Oberkreide u. d. Foraminiferenschichten
UNTERKREIDE	Aleuritisch-tonige Schichten des Apt und Alb	→	Karbonatische Folge der Oberkreide	Sandig-tonige Folge der Unterkreide
		→	Sandig-tonige Schichtpakete des Apt u. Alb	
	Aleuritisch-tonige Schichten des Hauterive u. Barrêm	→ ↗	Sandig-tonige Schichtpakete d. Hauterive u. Barrême	
OBERJURA	Kalksteine mit Asphaltiteinschlüssen aus dem Oxford	→ ↗	Folge klüftiger Kalksteine und eines sandig-tonigen Schichtpakets aus Kimmeridge, Tithon und Valendis	Karbonatische Folge des Oberjura und Valendis
MITTELJURA	Tonige Schichten des Aalenien und Bajocien	→	Sandig-tonige Schichtpakete des Aalenien, Bajocien und Bathonien	Sandig-tonige Folge des Mitteljura

Feststellung der Gesetzmäßigkeit in der Verbreitung der Ansammlungen von Erdöl und Erdgas erheblich vorwärts getrieben wurde. Auch ergeben sich durch diese Untersuchungen die Möglichkeiten vom genetischen Standpunkt aus, die Bewertung der Erdöl- und Erdgashöffigkeit großer Gebiete durchzuführen und damit für die Einleitung von Erkundungsarbeiten wesentliche Hinweise zu liefern.

W. A. SOKOLOW gab in seinem Vortrag über chemische Vorgänge bei der Erdölentstehung und bei der Primärmigration eine Gegenüberstellung biochemischer thermokatalytischer und radiochemischer Vorgänge, die in Sedimentgesteinen die Bildung von Erdöl und Erdgasen ergeben. Auch gab er einen Überblick über die chemischen Vorgänge, die zur Bildung von Erdöl-Kohlenwasserstoffen in Eruptivgesteinen führen können. Auf dem Versuchswege erhielt er durch Einwirkung von Mikroorganismen, erhöhter Temperatur und Katalysatoren auf organische und anorganische Stoffe verschiedene Erdöltypen unterschiedlicher Zusammensetzung. Er brachte theoretische und experimentelle Beweise gegen eine nennenswerte Konzentration von Erdöl und Erdgas in den oberflächennahen Schichten der Sedimentgesteine. Auch lieferte er Unterlagen für die Bestätigung einer Tiefengenese des Erdöls. Den Zusammenhang zwischen Primärmigration, Erdöl und Erdgas und der Erdöl- und Erdgasbildung erläuterte er an den Hauptarten der Migrationsvorgänge in den Oberflächenschichten der Sedimentgesteine sowie in tiefer liegenden Gesteinen. Dabei betonte er die Bedeutung der Oberflächeneigenschaften der Stoffe, in denen die Migration des Erdöls und des Erdgases erfolgt. Er erläuterte die Vorgänge bei der Primärmigration, die eine Streuung und einen Konzentrationsausgleich bei Erdöl und Erdgas bedingen, ebenso wie die, welche eine Ansammlung von Erdöl und Erdgas begünstigen.

W. A. USPENSKI gab in seinem Vortrag über die Etappen der Erdölbildung und ihre Stellung bei der Synthese der geochemischen Zyklen der Kohlenwasserstoffe eine kurze Analyse über ihre biochemische Struktur. Dabei wurde das Verhältnis zwischen autotrophen und heterotrophen Funktionen der Organismen in der Biosphäre berührt. Die bei der Ansammlung organischen Materials in Gebieten langdauernder Senkung sowie bei der Umwandlung des organischen Stoffes bei der Diagenese und Katagenese auftretenden gasförmigen Produkte werden von ihm als eines der Glieder des katagenen Kohlenstoffzyklus aufgefaßt. Bei der Wechselwirkung der Erdöl- und Kohlenbildungsprozesse wird die Erdölbildung als Nebenprozeß des einheitlich gerichteten Vorganges der Karbonisierung des organischen Materials aufgefaßt. Er unterscheidet hierbei drei Wege der Erdöl-Kohlenwasserstoffbildung:

1. Prozeß der Erdölbildung — Kohlenwasserstoffe der lebenden Materie und der Mikroorganismen.
2. Erdöl-Kohlenwasserstoff-Generation im Verlauf der posthumen biogenen Auflösung des organischen Materials.
3. Umwandlungsreaktion der organischen Materie unter Bedingung der Katagenese.

W. W. WEBER sprach über Bitumenbildung in quartären marinen Sedimenten im Zusammenhang mit dem Problem der Erdölgenese. Viele Fragen der Erdölentstehung können durch die Untersuchungsergebnisse über die Ansammlung und Umwandlung organischer Stoffe in den verschiedenen Faziesbereichen quartärmariner Sedimente eine Lösung finden. In den verschiedenen Abschnitten der Diagenese können hier durch vergleichende Untersuchungen der Bitumina im organischen Ausgangsmaterial quartärer Ablagerungen Beobachtungen gemacht werden. Zusammen mit A. I. GORSKAJA wurde festgestellt, daß die Bitumina der marinen Ablagerung des alten Kaspischen Meeres in den obersten und untersten Horizonten des Profils deutlich Anzeichen einer Reduktion und damit eine Annäherung an Erdölbitumina aufweisen. Durch Untersuchungen der infraroten und ultravioletten Absorptionsspektren durch E. A. GLEBOWSKAJA wurde festgestellt, daß die mittleren und unteren Horizonte in den Sedimenten des alten Kaspischen Meeres näher zu den Kohlenwasserstoffen des Erdöls als zu den Kohlenwasserstoffen der Anfangsstadien der Umwandlung des organischen Ausgangsmaterials liegen. Die Spektrogramme der Kohlenwasserstoffe der Ablagerungen des alten Kaspischen Meeres und der von Erdölen erweisen sich als fast identisch. Umwandlung der Bitumina in Richtung Erdöl erfolgt nur unter bestimmten Bedingungen während der Sedimentation und während der Genese. Solche Bedingungen und die Faziesbedingungen der Ablagerung und Bedingungen bei der Diagenese beeinflussen die Möglichkeit der nachfolgenden Umwandlung der Bitumina. Von den gleichen Faktoren aus gesehen wurde auch die Ansammlung von Kohlenwasserstoffen sehr unterschiedlich beeinflußt. Hierbei können entweder die restlichen Kohlenwasserstoffe des organischen Ausgangsmaterials beibehalten oder unter anderen Faziesbedingungen neue Kohlenwasserstoffe gebildet werden, wobei sich die Konzentration an Kohlenwasserstoffen um ein Mehrfaches erhöhen kann. Da die Dauer des Quartärs genügend lang war, um so unter entsprechenden diagenetischen Bedingungen maximale Reduktion zu erreichen, führen weitere Absenkungen dieser jungen Erdölmuttergesteine zu keiner weiteren wesentlichen Veränderung der in ihnen enthaltenen Bitumina.

Ansammlung von Erdölmuttersubstanz kann in tonigen, sandigen und aleuritischen Ablagerungen erfolgen. Auch können hier günstige Bedingungen für die Umwandlung der Bitumina in Erdöl herrschen. In marinen Quartärablagerungen sandig-aleuritischer Fazies hat man gleiche und höhere Reduktionsstufen und Annäherung an Erdölbitumina wie bei Tonbitumina beobachtet. Die aromatischen Kohlenwasserstoffe weisen bei sandig-aleuritischen Gesteinen eine stärkere Annäherung an die Kohlenwasserstoffe des Erdöls auf. Die Lagerstättenbildung ist hauptsächlich auf seitliche (laterale) Migration zurückzuführen. Vertikal (von oben nach unten) können aus überlagernden tonigen — schlammigen Schichten Bitumina bei der Frühdiagenese ebenfalls eingewandert sein. Inwieweit dispers verteilte Kohlenwasserstoffe aus tonigen Zwischenmitteln teilnehmen, ist z. Z. noch ungeklärt.

D. W. SHABREW kam auf Grund einer Charakterisierung der Erdölmuttergesteine nach Untersuchungsergebnissen in Aserbaidshan, Dagestan und dem zentralen Gebiet der Russischen Tafel zu dem Ergebnis, daß man zu den erdölbildenden Bedingungen vor allem die drei geochemischen Gruppen sulfidischer, sulfidisch-sideritischer und sulfidisch-glaukonitischer Fazies zu rechnen habe, wobei der Produktivitätsgrad vom jeweiligen Reduktionsgrad einer solchen geochemischen Fazies, dem Alter und der epirogenetischen Absenkungstiefe abhängen. So können schwach reduzierende Fazies unter Bedingungen des Tertiärs wenig produktiv sein, während sie unter den gleichen Bedingungen im Mesozoikum und im Paläozoikum eine erhebliche Produktivität aufweisen können. Die produktivste geochemische Fazies in allen Ablagerungen ist die sulfidische Fazies, die schnell oxydierende Sulfide enthält. Sie wird jedoch in Quartärablagerungen nur schwach produktiv sein und dort keine Erdöllager bilden. Bei geringen epirogenetischen Absenkungsbeträgen werden alte reduzierende Fazies wenig produktiv sein. Erdölbildend können die verschiedensten Gesteine sein, die sich unter reduzierenden Bedingungen ablagern.

M. F. MECHTIJEW stellte in seinem Vortrag über die Erdölmuttergesteine Aserbaidshans fest, daß es zuverlässige Angaben zur Festlegung der Erdölmuttergesteine im Profil der paläozoischen Ablagerungen Aserbaidshans nicht gibt. Im Paläozoikum Aserbaidshans waren jedenfalls keine Bedingungen für die Erdölbildung vorhanden. Dagegen geben die geochemischen Eigenschaften und das Auftreten organischer Substanz sowie die geotektonischen Bedingungen der Sedimentationsbecken die Grundlage für die Feststellung von Erdölmuttergesteins-Schichtenfolgen vom mittleren Jura über das Hauterive, Barrême, Unter- und Mittelalb bis stellenweise zum Mittelturon. Desgleichen sind die tertiären Erdölmuttergesteinsfolgen der Maikop- und Diatomeenserie sowie einiger Horizonte im Obereozän und vielleicht auch im unteren Paläozän durch sichere Tatsachen bestätigt. Auch gibt die Verteilung der Bitumina Anlaß, die Kiomakinsher Folge der unteren Reihe der produktiven Schichtenserie als möglicherweise erdölbildend anzuerkennen. Alle diese genannten Sedimentfolgen unterscheiden sich grundsätzlich in keiner Weise von der Verteilung von Erdölmuttergesteinen anderer Erdölgebiete der alpinen Geosynklinalzone im Süden der UdSSR (Westturkmenien, Ferganatal, Südtadshikistan u. a. m.).

Außer den vorstehend referierten Vorträgen nahmen in mehr als 70 Diskussionsbeiträgen die verschiedensten Fachkollegen aus der Sowjetunion und den anderen volksdemokratischen Ländern zu den angeschnittenen Fragen Stellung. Bei weitem die überwiegende Mehrzahl sprach sich hierbei eindeutig für eine organische Genese des Erdöls aus. Diese Beiträge besaßen alle insofern einen sehr großen Wert, als man auf diese Weise nicht nur von dem hohen Stand der Erkenntnis über die Teilgebiete der Erdölgeologie in der Sowjetunion ein gutes Bild erhielt, sondern auch feststellen konnte, wie dort die Auseinandersetzung über die verschiedensten Fragen in intensivster Form geführt wird. Dabei waren besonders die Berichte aus den einzelnen Lagerstättenbereichen der Sowjetrepubliken von besonderem Wert. Am Schluß der mehrtägigen Konferenz wurde eine Entschließung verfaßt, in welcher eindeutig die organische Entstehung des Erdöls festgestellt und die Meinungen der beiden Hauptvertreter, die die Erdölentstehung auf anorganischem Wege erklären wollen, verworfen wurden.

Über reflexionsseismische Geschwindigkeitsmessungen

(Mitteilungen aus dem VEB Geophysik, Leipzig)

DIETRICH OPITZ, Leipzig

Im Rahmen der geophysikalischen Erkundungsarbeiten des VEB Geophysik zur Auffindung höffiger Strukturen sind die reflexionsseismischen Untersuchungen für das Erdölprogramm in der DDR von erheblicher Bedeutung. Es scheint nicht vermessen, zu sagen, daß beim heutigen Stand der Erdölprospektion das Erdölprogramm irgend eines Landes der Welt ohne die Reflexionsseismik kaum noch zu denken ist.

Abgesehen vom Gebiet des Fallsteins im Westen der DDR sowie Volkenroda in Thüringen, die als erdölhöffige Gebiete bereits seit Jahrzehnten bekannt sind, war in der DDR eine systematische Prospektion auf Erdöl erst seit 1951 möglich. Dieser im Vergleich zu Westdeutschland späte Beginn einer systematischen Arbeit wurde nicht zuletzt durch eine falsche Auffassung über die Bedeutung und das Wesen der „Pompeckjschen Schwelle", die für das Erdölprogramm ostwärts der Elbe in der Zeit vor und während des 2. Weltkrieges kein Interesse aufkommen ließ, verursacht.

Die Reflexionsseismik ist in der DDR erst ab 1950 neu aufgebaut worden. Im Laufe der bisherigen Entwicklung wurden die Apparaturen Zug um Zug vermehrt und verbessert. Mit dieser Verbesserung war notwendigerweise eine Verfeinerung der Auswertemethodik verbunden. Es erscheint deshalb an der Zeit, einige allgemeine Ausführungen über den erreichten Stand der Auswertemethodik unter besonderer Berücksichtigung der Geschwindigkeitsmessungen zu bringen.

Das Grundproblem seismischer Vermessung ist die Ermittlung der von elastischen Wellen zurückgelegten Wege. Mittels dieser Wege kann man in der Reflexionsseismik unter Anwendung verschiedener Konstruktionsprinzipien die Lage der Unstetigkeitsflächen, an denen die seismischen Wellen reflektiert wurden, bestimmen. Durch die Messung erhält man lediglich die Laufzeit der Welle vom Schlußmoment bis zum Zeitpunkt des Eintreffens derselben an den Standorten der Seismographen. Um aber die Lage der Unstetigkeitsfläche geometrisch festzulegen, werden die Laufwege der Welle benötigt. Das Grundproblem lautet also vereinfacht: Weg = Geschwindigkeit × Zeit. Der Feststellung der Geschwindigkeit, mit der die Welle den Untergrund durchläuft, kommt also die gleiche Bedeutung zu wie der Zeitmessung. Die relativen Ungenauigkeiten von Zeitmessung und Geschwindigkeitsmessung addieren sich ungefähr. Angenommen, es gälte $t_{erm} = t_{eff}(1 + \alpha)$; $v_{erm} = v_{eff}(1 + \beta)$, so folgt $s_{erm} = s(1 + \alpha + \beta + \alpha \cdot \beta)$ und abgerundet $s(1 + \alpha + \beta)$, wenn $\alpha \cdot \beta$ genügend klein ist, um vernachlässigt zu werden. Infolge der differentiellen Änderung des Wellenzugs eines Impulses durch die elektronische und optische Übersetzung der elastischen Welle in ein fotografiertes Schwingungsbild ist die gemessene Zeit fehlerbehaftet. Mit großer Sicherheit läßt sich der Fehler auf max. $^2/_{100}$ sec abschätzen. (α schwankt demgemäß etwa zwischen 1–4%). $\alpha \cdot \beta$ kann man ohne weiteres vernachlässigen, wenn es höchstens den Betrag von 5‰ annimmt. Dann dürfte die Geschwindigkeitsangabe mit einer Unsicherheit belastet sein, die durch die Meßmethodik bei weitem unterboten wird. Die angegebene Vernachlässigung ist also ohne weiteres statthaft.

Eine allgemeine Betrachtung der bekannten Geschwindigkeiten von Wellen in verschiedenen geologischen Schichten gibt einen guten Anhalt, welche Maßstäbe anzulegen sind. Zunächst einmal sind die Geschwindigkeiten in verschiedenen Schichtpaketen unterschiedlich. Unter Berücksichtigung der Geologie des norddeutschen Raumes unterscheiden wir vor allem zwei Gruppen:

1. kalk- und anhydritreiche Schichten, harte Kreideschichten, z. B. Oberkreide, Malm, Muschelkalk 3000–4500 m/sec
   Zechstein . . . . bis über 5000 m/sec
2. tonig-sandige Schichten,
   z. B. Unterkreide, Dogger . . 2400–3600 m/sec
   Tertiär, Quartär . . . . 1700–2700 m/sec
   Langsamschicht . . . . 300– 800 m/sec

Dabei ändert sich die Geschwindigkeit in diesen Schichten je nach Tiefenlage und Fazies. In der Literatur ist die Aufstellung mathematischer Beziehungen zwischen Tiefe, geologischem Alter und Schichtgeschwindigkeit bekannt. Im norddeutschen Raum ist sie jedoch kaum anwendbar. Starke Bewegung des Untergrundes, Triasantiklinalen, Salzdurchbrüche sowie Fazieswechsel führen zu starker Streuung der Geschwindigkeitswerte. Die äußerst unterschiedliche Zusammensetzung der Schichtenfolge bringt eine dauernde Veränderung der durchschnittlichen Geschwindigkeit mit sich, nicht nur für gleiche Tiefen, sondern auch für bestimmte Horizonte. Schichtenpakete keilen aus, setzen verändert wieder ein (Ausbeißen an Transgressionsflächen), ändern ihre Mächtigkeit und Fazies und damit auch ihre elastischen Eigenschaften.

Die durchschnittliche Geschwindigkeit ist eine fiktive Größe, eine Rechengröße, die praktisch gar nicht existiert. Sie ist mit etwa derselben Ungenauigkeit behaftet wie die Voraussetzung, daß der Impuls die verschiedenen Schichten ungebrochen durchläuft. Der sich aus dieser Ungenauigkeit ergebende Fehler für die Durchschnittsgeschwindigkeit ist jedoch bei geringer Neigung der Schichten vernachlässigbar. Er wird noch geringfügiger, wenn Schichten mit größeren Geschwindigkeiten über solchen mit kleineren liegen (z. B. Oberkreide über Unterkreide). Bei Auftreten starker Diskordanzen ist jedoch Vorsicht geboten.

Die exakteste Methode, die komplizierte Zusammensetzung der durchschnittlichen Geschwindigkeit zu erfassen, ist Acusticlog, d. h. Erfassung der Schichtgeschwindigkeit äußerst schmaler Schichtstreifen in Bohrlöchern, aus deren Kombination rückwärts die durchschnittliche Geschwindigkeit der alle Medien durchlaufenden Wellen bestimmt werden kann.

Neben Acusticlog bringt auch die seismische Bohrlochmessung recht zuverlässige Resultate, da auch hier die Laufzeit eines einfachen, nicht reflektierten Impulses gemessen wird, nämlich vom Sprengbohrloch zum Seismographen im Bohrloch. Je näher der Sprengpunkt am Bohrloch sitzt, desto weniger treten Brechungseffekte durch die Unstetigkeitsflächen auf (allerdings erhöht sich dabei die Gefahr störender Einflüsse durch Kabel, Verrohrung, Spülung usw.). Da die Resultate sehr zuverlässig sind, muß erstrebt werden, daß kein Bohrloch verfüllt wird, ehe nicht auch die seismische Bohrlochmessung durchgeführt worden ist.

Jeder andere Weg, zu einer Messung der Durchschnittsgeschwindigkeit zu kommen, insbesondere durch die reflexionsseismische Geschwindigkeitsmessung, ist nur Notlösung und Ersatz. Einmal ist nicht die gleiche Sicherheit des Resultats gewährleistet, und das andere Mal ist ihre gesonderte Durchführung (z. B. in der Nähe von Tiefbohrungen) mit erheblichem Aufwand an Arbeit und Zeit verbunden. Dort also, wo Bohrungen bereits abgeteuft sind oder werden, kann der Verlust seismisch nicht vermessener Bohrungen kaum aufgeholt werden, da erst durch sie eine richtige Zuordnung von Bohrprofil und Reflexionshorizonten möglich wird.

Reflexionsseismische Geschwindigkeitsmessungen müssen überall dort durchgeführt werden, wo keine bohrlochseismischen Messungen vorliegen, und zusätzlich dann, wenn es sich um methodische, kontrollierende Vergleiche handelt. Da sich das vertikale Geschwindigkeitsfeld mit dem Weiterschreiten auf dem Profil (vor allem dann, wenn es nicht im Streichen verläuft) dauernd ändert, müßten eigentlich auch laufend Geschwindigkeitsmessungen vorgenommen werden. Ein so hoher Aufwand läßt sich aber gegenwärtig weder personell noch ökonomisch verantworten. Aus dem wissenschaftlich Wünschenswerten muß deshalb ein ökonomisch tragbarer Weg entwickelt werden.

Der Gang der Entwicklung im VEB Geophysik zeigt typisch dialektische Züge. Während in den ersten Jahren Geschwindigkeitsmessungen nur sporadisch durchgeführt wurden, die Auswertung sowie Interpretation der Meßergebnisse sich meist auf irgendwelche plausiblen Geschwindigkeitsansätze aufbauten (z. B. wurde das Ergebnis einer bohrlochseismischen Messung an einer Werle-Bohrung auf große Meßbereiche angewendet und weit unter die Meßgrenze von 630 m Tiefe „plausibel" extrapoliert), wurden die ersten reflexionsseismischen Geschwindigkeitsmessungen 1955 durchgeführt. Die Aufstellungsweite einer normalen Seismographenanordnung (2×240 m) stellte sich dabei als zu kurz heraus (Abb. 1). Die Resultate wurden unzuverlässig. Daraufhin ging man zu größeren Aufstellungsweiten über, indem vom selben Schußpunkt mehrmals geschossen, und die Seismographenaufstellung jedesmal verschoben wurde. Für eine Geschwindigkeitsmessung wurden bis zu 10 Sprengungen benötigt, also 1—2 Tage Meßarbeit. Dieses Verfahren ist sehr teuer. Es ergab sich notwendig, daß eine solche Messung nur selten und an speziell ausgewählten Stellen durchgeführt wurde. Es wurde möglichst in Streichrichtung gemessen, deren Feststellung noch eine Sprengung zusätzlich erforderte. Entsprechend wurden für die Auswertung der Messung Verfahren benutzt und neu erarbeitet, die bei möglichst geringem Arbeitsaufwand durch gute Vorbereitung eine möglichst große Sicherheit des Resultates boten. Durch eine hohe Überbestimmung der Grundgleichung für die Geschwindigkeit konnte der wahrscheinliche mittlere Fehler weit heruntergedrückt werden. Die Ergebnisse zeigten, daß die Geschwindigkeiten manchmal schon auf kurze Profilstrecken größere Veränderungen brachten als vermutet werden konnte. Deshalb wurde nach einem Verfahren gesucht, das eine laufende Auswertung der Geschwindigkeit gestattet. Dies ließ sich nur unter Verzicht auf die bereits erreichte Genauigkeit realisieren. Begünstigt wurde die Entwicklung durch die Einführung der Profilierung mit einseitigen Weitaufstellungen, die gegengeschossen werden (Abb. 2a).

Der Meßaufwand blieb dabei derselbe (s. Abb. 2b), jedoch wurde die doppelte Aufstellungsweite erreicht. An speziellen Stellen konnte die Messung mit zwei zusätzlichen Schüssen erweitert und damit die Güte des Resultates der Geschwindigkeitsauswertung verbessert werden (Abb. 3). Diese Verfahrensweise bietet uns heute den Vorteil, die ortsveränderlichen Geschwindigkeiten laufend, wenn auch etwas grob zu erhalten und sie durch Feinmessung mit geringem Mehraufwand zu bestätigen oder zu verbessern. Die Schwankungen der Geschwindigkeiten bis zu einem bestimmten Horizont von Schußbohrung zu Schußbohrung infolge der Ungenauigkeiten können durch Feststellen der Änderungstendenz der Geschwindigkeit ausgeglichen werden.

Was kann also von reflexionsseismischen Geschwindigkeitsmessungen und ihrer Auswertemethodik erwartet werden?

Zunächst zeigt eine von ZEUCH gegebene grobe Fehlerabschätzung für den relativen Fehler der ermittelten mittleren Geschwindigkeit folgenden Zusammenhang:

$$\delta v = c \cdot \delta t \cdot \left(\frac{z}{x}\right)^2$$

wobei δt der relative Zeitfehler, z die Tiefe des Reflektors und x die Aufstellungsweite bedeuten. δt nimmt mit wachsendem t hyperbolisch ab, jedoch nur langsam. δv ist also wesentlich abhängig von z^2 und x^2, nimmt mit wachsender Tiefe schnell zu und mit wachsender Aufstellungsweite schnell ab. Infolge des Arbeitsaufwands und spezieller technisch-physikalischer Einflüsse sowie geometrischer Zusammenhänge ist die Aufstellungsweite jedoch begrenzt.

Wenn man also die Geschwindigkeiten von Aufstellung zu Aufstellung laufend auswertet und sie durch spezielle Einzelmessungen (x = 1000 m) unterstützt, kommt man im Bereich bis 1500 m zu gut brauchbaren

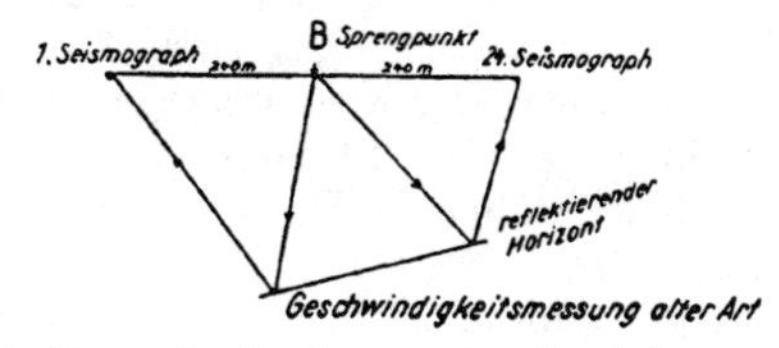

Abb. 1. Normalaufstellungsweite der Seismographen

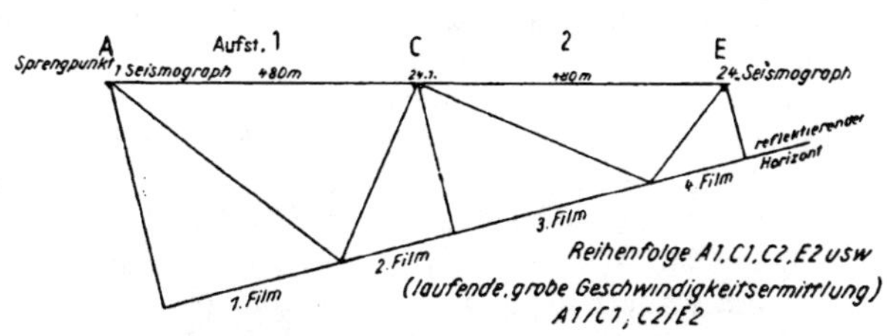

Abb. 2a. Weitaufstellung der Seismographen

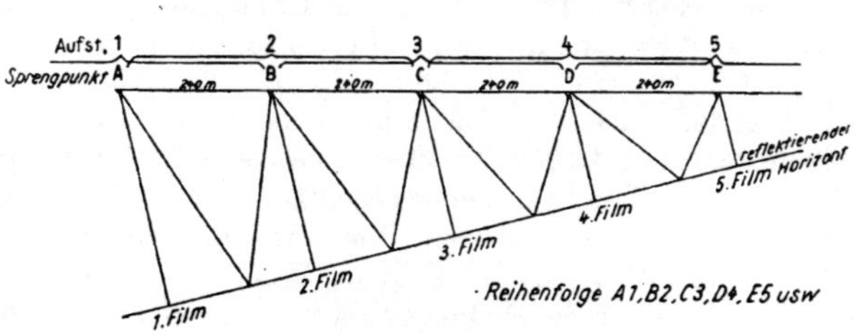

Abb. 2b. Normalaufstellung der Seismographen im selben Bereich

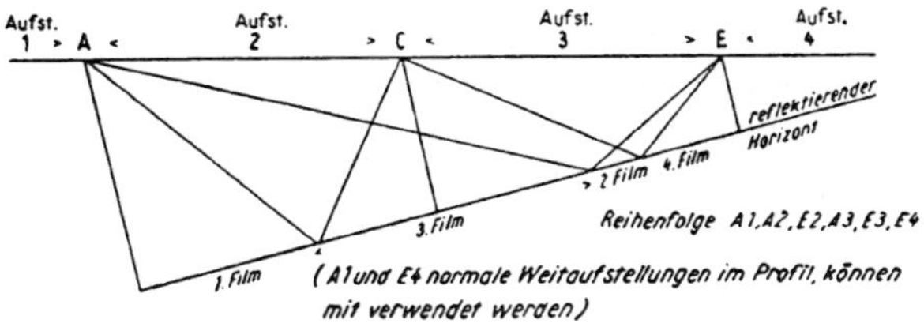

Abb. 3. Spezielle Geschwindigkeitsmessung

Werten, während sie im Bereich 1500—2000 m schon etwas unsicher werden. In tieferen Bereichen muß mit über 10% Fehlern gerechnet werden (Zahlenangaben nach ZEUCH).

Tabelle für den relativen Fehler von $\bar{v}$ für verschiedene x und z (nach ZEUCH)

z	$\bar{v}$ für x = 500 m Einzelmessung	$\bar{v}$ für x = 500 m Reihenmessung	$\bar{v}$ für x = 1000 m Einzelmessung
500 m	4%	2 %	1,6%
1000 m	10%	5 %	4,4%
1500 m	20%	9,6%	8,4%
2000 m	33%	16 %	13 %

Diese Fehlerbetrachtung möge vermeiden helfen, sich Illusionen hinzugeben und mit dem Millimeterstab auf einer Profilzeichnung „falsche Ergebnisse" nachweisen zu wollen. Selbstverständlich kann der Fehlerbereich durch Mithilfe der Geologen weiter eingeengt werden. Schnelle Information über neue geologische Erkenntnisse aus Bohrprofilen (z. B. genaue Lage von Diskordanzen und Schichtgrenzen) ermöglicht exakte Korrekturen. Dazu ist natürlich Voraussetzung, daß die geologische Erkundung bis zur Niederbringung von Bohrungen gediehen ist. Die tabellierten Zahlenangaben, darauf soll nochmals nachdrücklich hingewiesen werden, sind grobe Schätzungen und sagen lediglich aus, mit welchen Fehlern man im allgemeinen rechnen muß. Sie können auch geringer und bei ungünstigen Energieverhältnissen auch größer sein.

In diesem Zusammenhang sei es gestattet, einige Bemerkungen über das Zusammenwirken von Geologie und Seismik zu machen. Gerade das Problem der Geschwindigkeitsmessung zeigt besonders deutlich, wie erst die engste Zusammenarbeit der geologischen und geophysikalischen Disziplinen zu einem Optimum an Ergebnissen führt. Während eine geologische Erkundungsbohrung an einem Punkt ein geologisch befriedigendes Resultat bringt, wenn alle Methoden geologischer Forschung angewendet werden, lassen demgegenüber Extrapolationen von Bohrung zu Bohrung nur sehr fragwürdige Resultate zu. Die Reflexionsmessung bringt die Korrelationsfunktion, in die die stratigraphische Bedeutung der einzelnen Horizonte als Unbekannte eingeht. Allerdings enthält sie noch einen Parameter, die Geschwindigkeit, der die Richtigkeit der Extrapolationsfunktion gemäß der Sicherheit seiner Messung beeinflußt. Ohne auf Einzelheiten einzugehen, könnte man diesen Zusammenhang in folgender Weise charakterisieren:

Erkundungs-methode	Geologische Bohrung	Reflexions-seismik
Interpretation	sicher(1)	unsicher(3)
	↓ ↘	↓
Extrapolation	unsicher(3)	sicher(2)
	↓	↓ ↘
Gesamt-Erkundung	unsicher	unsicher sicher!

(1) Hängt ab von der Güte des Bohrungsmaterials und der Ausnutzung aller geologischen Untersuchungsmethoden.
(2) Hängt ab von der Güte der Messungen und von sicheren Geschwindigkeitsangaben durch Ausnutzung der besten Methoden.
(3) Hängt ab von allgemeinen tektonischen Kenntnissen und ihrer Anwendbarkeit im gegebenen Falle.

Die Geschwindigkeit elastischer Wellen ist der Parameter und das Bindeglied zwischen dem Bohrprofil und den Reflexionen. Erst ihre möglichst genaue Ermittlung gestattet, Horizonte bestimmten Schichten oder Schichtgrenzen zuzuordnen.

Im folgenden seien nun zwei Auswertemethoden kurz erläutert, die bei Einzelmessungen angewendet werden. Sie beruhen beide auf Koordinatentransformationen. Während der seismische Film als Koordinaten den Abstand der Seismographen vom Schußpunkt (x) und die Laufzeit des Impulses (t) hat, werden diese bei der Methode von GURWITSCH übergeführt in x, τ, wobei $\tau = t^2$ ist, und bei der Methode von OPITZ in ξ, τ, wobei $\xi = x^2$ und $\tau = t^2$ ist (s. Lit.).

Methode von GURWITSCH (τ—x)

Die Seismographen werden zwischen zwei Schußbohrungen, deren Abstand p sei, in gleichen Abständen voneinander aufgestellt. Die seismischen Wellen beider Schüsse werden registriert. In x-t-Koordinaten entstehen zwei Hyperbeln, in τ-x-Koordinaten zwei Parabeln. Zieht man die τ-Ordinaten gleicher Seismographenorte x voneinander ab, so sind diese Differenzen (σ) linear abhängig vom Seismographenort x.

$$v^2 = 2p \cdot \frac{\Delta x}{\Delta \sigma}$$

Das Verfahren ist auch anwendbar bei geneigtem Reflektor. Allerdings ist dann noch ein Korrekturfaktor zu ermitteln, der aus einem Diagramm abgelesen werden kann.

Methode von OPITZ (τ—ξ)[1]

Bei dieser Methode ist es gleichgültig, ob nur eine oder auch zwei Schußbohrungen verwendet werden. Bei Verwendung nur einer Schußbohrung werden die Seismographen beidseitig symmetrisch zur Schußbohrung aufgestellt. Durch Transformation in τ-ξ-Koordinaten entstehen allgemein Parabeln, im ungeneigten Falle eine Doppelgerade. Eine Mittelung der τ-Werte für gleiche ξ ergibt eine gerade Punktfolge, die einem konjugierten Durchmesser der Parabel entspricht. Dieser ist parallel zur Achse der Parabel, deren Neigung eine Funktion der Geschwindigkeit ist. Es gilt

$$v^2 = \frac{\Delta \xi}{\Delta \tau}$$

Im Falle von 2 Gegenschüssen erfolgt eine im allgemeinen geringfügige Korrektur durch einen Faktor, der einem Diagramm zu entnehmen ist.

Bei beiden Verfahren werden alle Meßwerte verwendet, und es entsteht geometrisch eine Punktfolge, die durch eine gerade Linie anzunähern ist. Die Streuung der Punkte um diese gerade Linie ist ein Maßstab für die Sicherheit der Geschwindigkeitsmessung.[2])

Solche speziellen Geschwindigkeitsermittlungen müssen von Zeit zu Zeit in die Profile eingestreut werden, auch dann, wenn eine laufende, dafür aber gröbere Geschwindigkeitsauswertung auf dem ganzen Profil

[1]) Siehe auch HEILAND, DIX, PFLUEGER etc.
[2]) Eine Spezialisierung dieses Verfahrens gemäß BORTFELD mit dem Aufstellungsschema von DIX liegt zur Veröffentlichung vor.

erfolgt. Da der Fehler jeder Ermittlung grob mit $s/\sqrt{n}$ beschrieben werden kann (wobei n die Anzahl der verwendeten Zeitmessungen bzw. der Freiheitsgrade ist), ist das Verhältnis der Genauigkeiten etwa von der Größenordnung 2,5. Hat die genauere Ermittlung einen Fehler von 5%, so hat die gröbere etwa einen solchen von 12,5%. Das Verhältnis kann nur bei den Profilen günstiger ausfallen, wo praktisch mit ortsunveränderlicher Geschwindigkeit gerechnet werden kann, also bei Profilen im Streichen der Schichten. Dort haben die Fehlergrenzen Geltung, die in der Tabelle unter „Reihenmessung" gegeben wurden.

Soweit noch Meßgebiete in Bearbeitung sind, bei denen nur wenige oder gar keine Geschwindigkeitsmessungen vorliegen (z. B. bei der Ergänzung älterer Berichte) wird deshalb mit dem alten vorgegebenen Geschwindigkeitsansatz weiter konstruiert, jedoch einerseits eine Korrekturkurve für die Punkte gegeben, an denen neuerdings Geschwindigkeitsmessungen stattgefunden haben und andererseits auf den Isobathenkarten entsprechende Tiefenkorrekturen eingetragen. Diese Verfahrensweise ist eine Übergangslösung, die solange angewendet wird, bis nur noch neue Meßbereiche nach neuer Auswertemethodik vorliegen.

Literatur

GURWITSCH, I. I.: Seismische Untersuchungen (russisch). – Moskau 1954.

OPITZ, D.: Eine Methode zur Ermittlung der mittleren Geschwindigkeit elastischer Wellen in der Reflexionsseismik. – Gerlands Beiträge, 66, Heft 3, 1957.

Unveröffentlichte Arbeiten aus dem VEB Geophysik von H. G. REINHARDT, R. ZEUCH, OPITZ.

Glasindustrie und Glassandvorkommen in Albanien

KURT DETTE, Berlin

Partei und Regierung der Volksrepublik Albanien sind bestrebt, mit dem Aufbau des Sozialismus in ihrem Lande den Übergang vom Agrarland zum Agrar- und Industriestaat zu vollziehen. Im Zuge dieser Maßnahmen wurde auch mit dem Aufbau einer Glasindustrie in Albanien begonnen. Vor der Befreiung des Landes wurde der gesamte Glasbedarf importiert. Gegenwärtig besitzt Albanien bereits zwei Glasfabriken, von denen eine in Tirana, die andere in Korça steht. Die Fabriken mit allen ihren Einrichtungen wuchsen allmählich, die Arbeiter entwickelten sich zu Facharbeitern, die in dem jetzt gut eingespielten Betrieb Korça schon auf eine mehrjährige Erfahrung zurückblicken können. Die Glasfabrik Tirana nahm erst gegen Ende 1957 ihre Produktion auf. Die Beschaffung und Beurteilung vornehmlich des Glassandes bereitet noch größere Schwierigkeiten, zu deren Überwindung Ingenieure und Geologen aus den befreundeten Volksdemokratien Hilfe geleistet haben und noch leisten.

Nach mehreren Aussprachen mit Ingenieuren aus der ČSR und nach Schaffung erster Voraussetzungen gingen die Anregungen zur Aufnahme der Glasproduktion in Korça von einem sowjetischen Ingenieur aus. Zunächst wurde 1954 mit ganz geringen Ausgaben unter Ausnutzung der örtlichen Reserven eine kleine Anlage errichtet. Es wurde ein Versuchsofen gebaut, der 1956 gleichfalls nur aus örtlichem Material zu einer größeren Ofenanlage umgebaut wurde. Eine erste maschinelle Einrichtung mit einer Presse und einem Gebläse kam aus Bulgarien, und bulgarische Ingenieure richteten die maschinelle Glasproduktion in Albanien ein. Danach übermittelten zwei Glastechniker, wiederum aus der ČSR, wertvolle Erfahrungen. Die erste Glasproduktion wurde in Korça im November 1954 aufgenommen. Gegenwärtig arbeiten 6 Gebläse, und von den insgesamt beschäftigten 230 Personen sind 103 Produktionsarbeiter. Das Sortiment der Produktion umfaßt jetzt schon eine Auswahl von 27 verschiedenen Artikeln, unter denen neben Küchengeschirr, die in der Lebensmittelindustrie benötigten Flaschen und Konservengläser weit im Vordergrund stehen. Die Erzeugung liegt bei 4 t Glas pro Tag einschließlich der Verluste. Als Heizmaterial dient Generatorgas, das im Betrieb selbst aus einer miozänen Glanzkohle hergestellt wird. Die Versorgung mit Rohstoffen ist nicht ganz einfach. Glassand in der benötigten Korngröße von 0,4–0,5 mm wird über 40 km Entfernung antransportiert. Die Braunkohlengrube Mborija-Drenova liegt ca. 7 km entfernt im Gebirge.

Der Aufbau der Glasfabrik Tirana vollzog sich unter anderen Voraussetzungen. Hier lagen sowohl das Bau- als auch das technologische Projekt von Anfang an vor. Die maschinelle Ausstattung der Glasfabrik ist von der VR Polen geliefert worden. Außer Küchengeschirr und den in der Lebensmittelindustrie benötigten Glaswaren sollen vor allem auch weitgehend medizinische Ampullen hergestellt werden.

Die Versorgung der beiden Glasfabriken Albaniens mit den für die Glasindustrie benötigten Rohstoffen begegnet auch heute noch gewissen Schwierigkeiten. Die Soda wird aus der ČSR bzw. aus der VR Polen importiert. Kalk steht im Land in großer Menge zur Verfügung. Bei der Beurteilung seiner Eignung für die Glasfabriken wird man künftighin den Eisengehalten erhöhte Beachtung schenken müssen. Zu einem besonderen Problem ist die Suche nach brauchbarem Glassand geworden.

Der Glassand von Tirana

Die Glasfabrik Tirana hat einen jährlichen Bedarf von 2000 t Rohsand, der in einem Hügelzug nordwestlich Tirana in der Flur Ysberish gewonnen wird. Inmitten einer bis über 1000 m mächtig werdenden Folge mariner miozäner Sedimente, im Ostreensandstein des Sarmat, wird eine 4 m mächtige Zone reineren Sandsteins als „Glassandlager" in einem Taleinschnitt unter wechselnd mächtiger Überdeckung mit lagenweise schwach kalkhaltigem Sand abgebaut. Die Sandsteine streichen NW und fallen mit 60° nach NO in das Tertiärbecken von Tirana ein, zu dessen nordwestlicher Begrenzung sie gehören. Abb. 1 ist entlang dem Schichtstreichen aufgenommen und gibt einen Blick über die Glassandgrube. Das Einfallen der Schichten unter die im Hintergrund sich ausdehnende Tiranasenke ist im Gegenhang, besonders auch an herausgewitterten Konkretionen zu erkennen. In der in Bildmitte liegenden Grube ist der „Glassand" auf 22 m Länge angeschnitten, der Stoß der Grube kann noch bis auf knapp 30 m ver-

Abb. 1. Ostreensandstein nordwestlich Tirana mit Glassandgrube

längert werden. Im grauen bis gelbbraunen, oft auch rötlich gefärbten Ostreensandstein bildet das Glassandvorkommen nur eine relativ reinere Zone, die deutlich gegen die mergelig-tonigen Sandsteine im Liegenden abgegrenzt ist, und die ihren Charakter auch nach dem Hangenden zu schnell verliert. Hier treten die tonigen Beimengungen gleichfalls wieder hervor. Doch auch die für die Glaserzeugung vorgesehenen „Sande" besitzen in ihrem bis zu 4 m mächtigen Profil feine aber sicher wahrnehmbare Unterschiede, die sich in Schwankungen des Tonanteils und stellenweise reicherer Glimmerführung ausprägen. Als Glimmer tritt fast ausschließlich Biotit auf, basische Gesteinsreste sind vorhanden. Daneben sind die i. a. hellgrauen Sande streifig rostbraun gebändert. In braungrauen Linsen, die herauswittern (vgl. Abb. 1), ist organische Substanz neben Brauneisen mit angereichert.

Der tonige Sandstein wird mit der Spitzhacke gelöst. Der Abtransport des Sandes geschieht in Säcken, die zunächst als Traglasten an den Fuß des Hügels gebracht werden. Von dort werden sie auf Ochsenkarren bis an den für Lkw befahrbaren Weg transportiert und dort nochmals umgeladen.

Der Glassand von Korça

Die Suche nach einem für die Produktion von Gebrauchsglas geeigneten Sand hat der Werkleiter der Glasfabrik Korça meist persönlich mit durchgeführt. Östlich Korça liegt, begrenzt von zwei nach NNO ziehenden Peridotitzügen, das Becken von Bilishti, das von dem an seiner Ostflanke nach Norden fließenden Devol entwässert wird. Die in westöstlicher Richtung ziehenden Nebenbäche haben in ihren Tälern die vorwiegend mergelig ausgebildete Folge des Unteren und Mittleren Miozäns sowie die sandig-tonigen Schichten des Oberen Miozäns entblößt. Bei den Sedimenten handelt es sich um das „brackische Äquivalent des Ostreensandsteins" (Nowack 1929, S. 109). In diesen Schichten liegen die vier Stellen, die bisher als Sandvorkommen für die Glasfabrik Korça gedient haben. Es handelt sich in der zeitlichen Reihenfolge der Abbauversuche um die Orte (vgl. Abb. 2) Verlen, Cipan, Sul und Shën Koll. Die einzelnen Entnahmestellen sind aus den verschiedensten Gründen wieder aufgegeben worden.

Der Sand aus Verlen, der wegen abseitiger Lage der Grube mit Tragtieren an einen befahrbaren Weg transportiert werden mußte, hatte bis 3% Fe_2O_3, so daß aus ihm nur sehr dunkles Glas erschmolzen werden konnte. In Cipan wurde im Jahre 1956 am NW-Rand des Dorfes Sand für die Glasfabrik Korça abgebaut. Vom Dorf zieht in halber Hanghöhe in einem Wasserriß ein Feldweg nach Norden. Die Sandentnahme erfolgte aus der Sohle des Wasserrisses, wo unter 0,50 m Abraum ein 4 m mächtiges Sandlager angetroffen wurde. Der Sand entsprach in seiner Korngrößenzusammensetzung nicht den Anforderungen. Sein Eisengehalt schwankte, betrug aber gegenüber Verlen in einzelnen Lagen in ungewaschenem Zustand nur 0,9% $Fe_2O/_3$; 40 m unterhalb dieser Entnahmestelle tritt eine Quelle zutage. Die Sandgewinnung lag in deren Einzugsbereich und war wegen zu starken Wasserzulaufes nicht zu halten. Der nasse Sand ist hellbläulichgrau, schwach braunstreifig und reichlich feinglimmerig. Dieser Sand wurde als der bisher beste in Korça verwendete Glassand bezeichnet. — 7 m über dem oben erwähnten Sandlager wurde der Hang dann von seiner Oberkante her angeschnitten. Die Schichten liegen ziemlich söhlig und fallen leicht nach Osten ein (10°/12° O). In dieser Grube wurde folgendes Profil aufgenommen:

0,40 m	Lehmboden, humushaltig — Abraum
0,60 m	Feinsand, dunkelgrau, verfestigt
0,85 m	Schluff, gelbgrau, mit Feinsandlagen
0,65 m	Mittelsand, grau, reichlich braunstreifig
1,30 m	Feinsand, hellbräunlichgrau bis hellgrau, in der oberen Hälfte reichlich schluffhaltig
0,30 m	Feinsand, hellgrau

Die Schichten zeigen einen vielfältigen Wechsel in der Körnung und Färbung des Sandes. Damit läßt das Profil der Sandgrube Cipan bereits den häufigen Wechsel in den obermiozänen limnisch-brackischen Schüttungen im Becken von Bilishti erkennen.

Westlich vom Dorf Sul sind in der streichenden Fortsetzung der beiden o. a. Vorkommen gleiche Sande in zwei Gruben angeschnitten. Das Material einzelner Schichten aus diesen Vorkommen hat sich durch geeignete Korngröße und verhältnismäßig geringen Eisengehalt bei der Glasherstellung bewährt. Nur haben die Schüttungsverhältnisse während der Sedimentation hier besonders häufig geschwankt, und 25—30 cm starke Lagen reinen Sandes werden von tonig-mergeligen Zwischenschichten unterbrochen. Die südliche Grube (Gropat e Lames), in deren Material viel grobes Korn mit eingeschwemmt ist, erschließt Sande mit größeren Kornschwankungen. Neben reichlichen Schluffanteilen finden sich Linsen von Grobsand- und Feinkieslagen, wie auch aus folgender Profilaufnahme zu erkennen ist:

1,20 m	Gehängelehm und Fließerdeböden;
0,80 m	Feinsand, hellgelb;
1,50 m	Grobsand, hellbraun, mit Mittelkörnung, Kreuzschichtung durch Limonitbänder unterstrichen,
0,20 m	Mittelsand mit 4—8 cm starken Grobsandlinsen;
0,60 m	Mittelsand, braungrau, mit reichlichem Anteil von Grobsandkörnung;
0,40 m	Mittelsand, gelbgrau, mit Schlufflinsen, an der Oberkante durch eine 3—5 cm mächtige Brauneisenlage abgeschlossen;
0,50 m	Grobsand, bräunlichgrau, mit reichlichem Schluffanteil,

Liegendes: Schluff, gelbbraun, feinsandig.

200 m nördlich Shën Koll wurde im Sommer 1957 die Grube angelegt, aus der jetzt der Sand für die Glasfabrik Korça gewonnen wird. Der am Westhang einer Terrassenfläche (vgl. Abb. 2) gelegene Aufschluß erschließt eine Wechselfolge von Sanden und feinsandigen Schluffen. Die i. a. fein- bis mittelkörnigen Sande sind hellgrau und unregelmäßig schwach braunstreifig. Die Schluffanteile heben sich im Profil (vgl. Abb. 3) auffällig heraus. An der 6,65 m hohen Aufschlußwand der „Glassandgrube Shën Koll" wurde am 26. 9. 1957 das in Abb. 3 und in der Tabelle dargestellte Profil aufgenommen.

Lediglich aus der 98 cm mächtigen Sandschicht wird der Rohsand für die Glasfabrik Korça gewonnen. In ihm finden sich gleichfalls dunkle Gesteinstrümmer und einzelne Glimmer. Häufiger sind die Quarzkörner durch Brauneisen verkittet.

Die in den oben erwähnten Aufschlüssen angetroffenen Sande lassen sich keinesfalls mit den Sanden parallelisieren, die in der DDR als Glassand abgebaut und verwendet werden. Deshalb wurden die geologischen Voraussetzungen für das mögliche Auftreten von „Glassand-

Tabelle 8

Lfd. Nr.	Mächtigkeit in cm	Beschreibung
16	100	Auflagerung von Terrassenlehm
15	100	Sand
14	73	Schluff, braunstreifig
13	40	Sand mit reichlich Kieskörnung und örtlich stark wechselnder Braunfärbung
12	38	Schluff mit Sandlagen bei 7 cm und von 16—21 cm, 28—31 cm
11	98	Feinsand, grau, schwach braunstreifig
10	45	Sand mit einzelnen kleinen Schlufflinsen
9	12	Feinsand mit Mittelsandkörnern
8	10	Schluff, feinsandig, mit reichem Molluskeninhalt
7	6	Mittel- bis Grobsand
6	25	Schluff
5	17	Feinsand mit Mittelsandanteil
4	20	Schluff, stark feinsandig
3	29	Feinsand mit Schlufflinsen
2	20	Schluff, feinsandhaltig
1	32	Feinsand mit geringem Mittelsandanteil

vorkommen" weiterhin systematisch überprüft. Sie können nur in den Sedimentgesteinen gegeben sein, die seit Beginn des Tertiärs entstanden, da die älteren Formationen keine Sande enthalten. Reine Quarzite (ähnlich den Taunusquarziten) sind bisher gleichfalls nicht bekannt geworden, sie sind auch geologisch nicht zu erwarten.

Die tertiären Sedimente enthalten den Verwitterungsschutt der Gesteine der älteren Formationen. Einer zunächst vorwiegend mergelig-tonigen Fazies (älterer Flysch) fügen sich dann Sande, Sandsteine und Konglomerate ein, die alle bei reichlichem Ton- und Schluffgehalt mehr oder minder eisenhaltig sind. Die Hänge in den Sanden der Flyschformation besitzen bräunliche Verwitterungsfarben, und selbst aus der Ferne gelblich bis weiß erscheinende Sande sind in der Nähe besonders im bergfeuchten Zustande doch wiederum bräunlichgrau bis gelbbraun. Derbere Sandsteinbänke sind fast stets

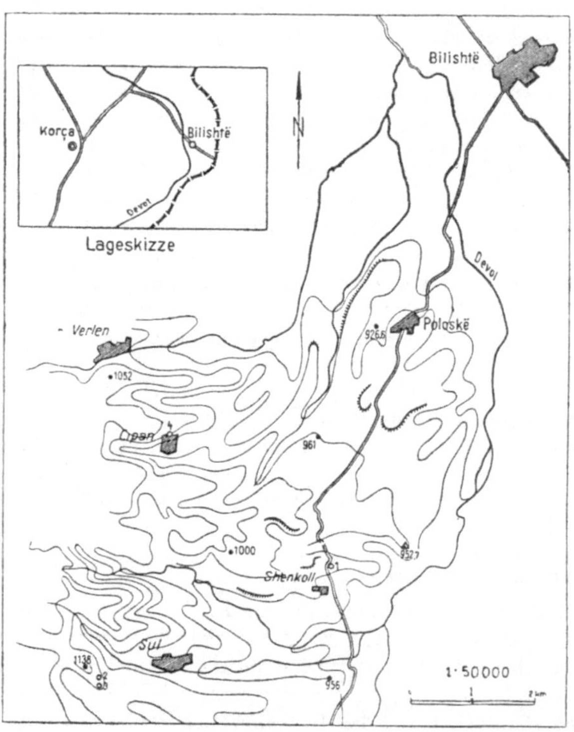

Abb. 2. Lageskizze der Glassandgruben östlich Korça

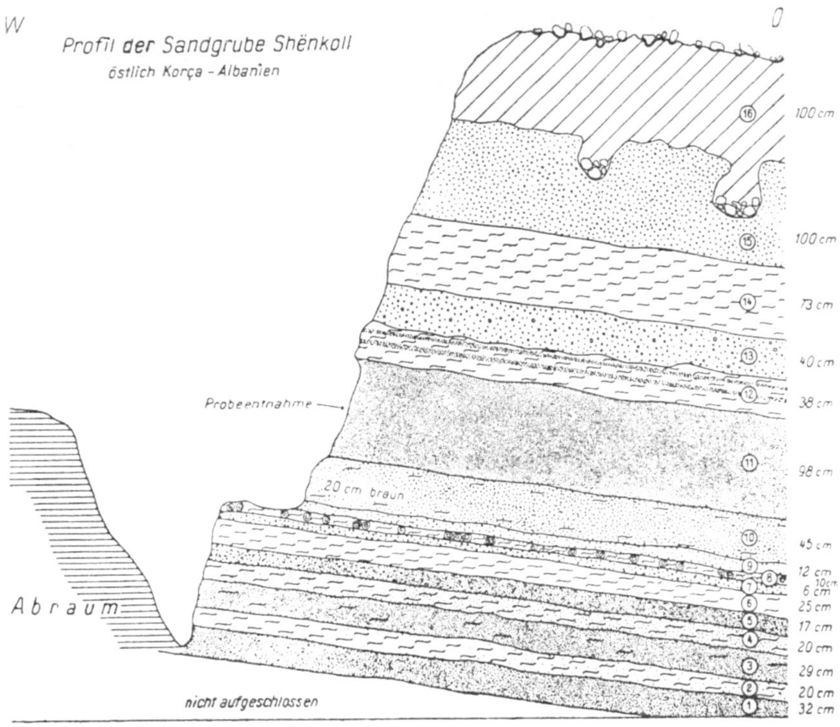

Abb. 3. Profil der Sandgrube Shën Koll. (Erläuterung s. Tabelle S. 228)

kalkhaltig, und Quarzitbänke sind meist ziemlich stark eisenschüssig. Das Material der Sandsteinbänke ist nur teilweise rein quarzig, zumeist ist es mit einem wechselnden Anteil an dunklen Gesteinstrümmern durchsetzt.

In zahlreichen Profilen in der Umgebung von Tirana, zwischen Durres und Cavaja, östlich Fieri und im Hinterland von Vlora wurden der Aufbau und vor allem die Zusammensetzung der tertiären Sedimente untersucht. Immer wieder wurden hohe Schluff-, Ton- und Mergelanteile in den Sanden beobachtet, die neben dem stets vorhandenen Eisengehalt und neben einem fast immer auch nachzuweisenden Kalkanteil die Verwendung der Sande für die Herstellung wasserklarer, farbloser Gläser unmöglich erscheinen lassen.

Bei Tirana sind einzelne Lagen im Ostreensandstein des Obermiozäns und im Becken von Bilishti östlich Korça die gleichfalls dem Obermiozän angehörenden „Sande und Konglomerate" stellenweise in reinerer Sandfazies ausgebildet. Allerdings fehlen diesen Sedimenten doch noch zahlreiche typische Charakteristika reiner Glassande. Somit kann sich die Suche nach Sanden, die sich als Glassande eignen, im Tertiär Albaniens nur auf sehr ungünstige geologische Voraussetzungen stützen.

Deshalb wurden auch die pleistozänen und holozänen Sedimente mit in die Untersuchung einbezogen. Die albanische Küste wird von einem mehrfach unterbrochenen schmalen Dünensaum begleitet, aus dem sich gelegentlich einzelne, heute meist bewachsene Dünen bis zu 3 m, selten bis maximal 5 m erheben. In Südalbanien (Vlora, Himara) bestehen die Strandablagerungen vorwiegend aus Kalkgrus. Nur schätzungsweise 2% der Körner sind gut gerollte, dunkle Gesteinstrümmer. Erst in der Gegend südlich Durres tritt der Quarzanteil in der Zusammensetzung des Strandmaterials so hervor, daß er alle anderen Komponenten überwiegt.

Zusammenfassend wurde festgestellt, daß alle Entnahmestellen von Sand für die Glasproduktion in recht wechselndem Material stehen. Dazu kommt noch die zuweilen sehr schlechte Lage der Gruben. Dies hat in Tirana größere Bauarbeiten am Wege zur Sandgrube ausgelöst. Ein Stück Zufahrtsweg wird überhaupt erst neu geschaffen. Auffällig sind immer wieder die Korngrößenschwankungen des Materials und auch seine wechselnde stoffliche Zusammensetzung; denn neben Quarz enthalten die Sande in häufig nennenswerten Mengen dunkle Gesteinstrümmer.

Die Mitarbeit bei Erkundung und Bewertung von Sandvorkommen in Albanien, deren Material für die Glasherstellung geeignet ist, führte nicht zum unmittelbaren Nachweis gut geeigneter Glassande. Jedoch ergaben sich aus den gemeinsamen Befahrungen und Besprechungen mit den albanischen Spezialisten Hinweise auf Möglichkeiten, auch von der Rohstoffseite her die Qualität der Erzeugnisse in den Glasfabriken Korça und Tirana günstig zu beeinflussen und zu steigern.

Qualitätsverbesserung durch Qualitätsnormen

JOACHIM DOMMENZ & FELIX SYRING, Leipzig

Auf dem Wege zum Sieg des Sozialismus ist, wie u. a. auch aus den Beschlüssen des V. Parteitages der SED hervorgeht, die rasche Steigerung der Arbeitsproduktivität der Schlüssel zur erfolgreichen Erfüllung der ökonomischen Aufgaben. Es gibt eine ganze Reihe von Neuerermethoden, welche die weitere Steigerung der Arbeitsproduktivität zum Ziele haben. Wir sind der Meinung, daß diese Methoden noch weit mehr verbreitet werden sollten, um eine qualitäts- und bedarfsgerechte Produktion zu gewährleisten. Die Lösung der ökonomischen Hauptaufgabe darf nicht allein darin gesehen werden, den Pro-Kopfverbrauch der westdeutschen Bevölkerung bis 1961 mengenmäßig zu erreichen und zu überbieten, sondern es müssen vielmehr alle Anstrengungen unternommen werden, in gleichem Maße die Qualität unserer Erzeugnisse zu verbessern.

Zur Verwirklichung dieser zusätzlichen Forderung können wir in unserer sozialistischen Gesellschaftsordnung mit Erfolg das Prinzip der materiellen Interessiertheit anwenden. Was liegt daher näher, als unsere arbeitenden Menschen für gute Qualitätsarbeit entsprechend zu entlohnen. Wie das bereits in unserem Betrieb, dem VEB Geophysik Leipzig, seit Jahren erfolgt, soll hier dargestellt werden.

Unser Betrieb bekam mit seiner Gründung im Jahre 1951 den Auftrag, geophysikalische Lagerstättenforschung zu betreiben. Zu diesem Zweck sind die Meßtrupps für die verschiedenen geophysikalischen Meßmethoden im Gesamtgebiet der DDR tätig. Die Arbeitsprodukte dieser Meßtrupps sind an bestimmten Geländepunkten registrierte Seismogramme und Meßwerte. Diese Seismogramme und Meßwerte werden zu wissenschaftlichen Berichten über geologische Strukturen weiterverarbeitet. Man konnte den Produktionsarbeitern bei der Einführung des Leistungsstücklohnes im Jahre 1953 aber keine Arbeitsnormen nach wissenschaftlichen Berichten geben, sondern mußte die Normenauflage nach Seismogrammen und Meßwerten vorgeben. Die Anwendung der Arbeitsnormung in dieser Form half uns viele Reserven freizumachen und die Arbeitsproduktivität entscheidend zu steigern. Dabei ergab sich sehr bald der Widerspruch, daß die Stückleistung stieg, die Qualität der Meßergebnisse aber sank. Dadurch wurde die Deutung geologischer Strukturen erschwert und es machten sich viele Wiederholungsarbeiten erforderlich, so daß die erreichte Arbeitsproduktivität nur eine scheinbare war. Dieser Widerspruch machte die Einführung von Qualitätsnormen zwingend notwendig.

Die Qualitätsnormung wird in folgender Weise vorgenommen: Zunächst wird jedes Arbeitsprodukt (Seismogramm oder Meßwert) mit 1,0 gleich der höchstmöglichen Qualität (100%) bewertet. Dieses Arbeitsprodukt wird einer Qualitätskontrolle (Gütekontrolle) unterzogen. Bei festgestellten Fehlern und Mängeln (Qualitätsminderung) wird, entsprechend festgelegter Qualitätsbewertungsrichtlinien, der Grundwert herabgesetzt (tatsächlich erreichte Qualität). Ist die Qualitätsminderung nachweisbar nicht von den Arbeitenden verschuldet (z. B. Materialfehler), so bleibt der Grundwert 1,0 bestehen. Es geht also darum, das prozentuale Verhältnis von tatsächlich erreichter Qualität zur höchstmöglichen Qualität zu ermitteln.

Dieses, sich aus der Qualitätsbewertung ergebende, prozentuale Verhältnis beziehen wir in die Errechnung der Normenerfüllung mit ein.

Dazu ein Beispiel mit folgenden angenommenen Werten:

(NS)	Monatsauflage nach Arbeitsnormen	100	Seismogramme
(NJ)	Erbrachte Monatsleistung	120	„
(AzS)	Arbeitsstunden-Soll im Monat	3000	Stunden
(AzJ)	„ -Ist „ „	2900	„

Errechnung der Normenerfüllung (ohne Qualitätsbewertung) nach folgender Formel:

$$\frac{\mathrm{N\,J}}{\mathrm{N\,S}} \times \frac{\mathrm{A\,z\,S}}{\mathrm{A\,z\,J}} \times 100 = \text{Normenerfüllung in \%}$$

$$\frac{120}{100} \times \frac{3000}{2900} \times 100 = 124\%$$

Errechnung der erreichten Qualität:

Die erbrachte Monatsleistung 120 Seismogramme entspricht einem höchstmöglichen Qualitätswert (Qualitätssoll) gleich 120 · 1,0 = 120,0. Durch die Qualitätsbewertung wurden für die einzelnen Seismogramme folgende Qualitätswerte ermittelt:

70	Seismogramme	= 1,0	also	70 · 1,0 = 70,0
30	„	= 0,9	„	30 · 0,9 = 27,0
15	„	= 0,8	„	15 · 0,8 = 12,0
5	„	= 0,6	„	5 · 0,6 = 3,0
(Q-J)	Qualitäts-Ist =			112,0

Die Qualitätserfüllung beträgt also:

$$\frac{112{,}0}{120{,}0} \cdot 100 = 93{,}3\%$$

Qualitätsnormenerfüllung:

$$\frac{\mathrm{N\,J}}{\mathrm{N\,S}} \times \frac{\mathrm{A\,z\,S}}{\mathrm{A\,z\,J}} \times \%\ \text{Satz Qual.} = \text{Qualitätsnormenerfüllung in \%}$$

$$\frac{120}{100} \times \frac{3000}{2900} \times 93{,}3 = 116\%$$

Soweit unser betriebliches Beispiel! Durch die Anwendung dieser Form der Arbeitsnormung gelang es, in unserem Betrieb eine Qualität in Höhe von 97% zu erreichen und es wird ständig um die weitere Qualitätsverbesserung gekämpft. Der Widerspruch zwischen Menge und Qualität unserer Arbeitsprodukte wurde dadurch beseitigt und eine echte Steigerung der Arbeitsproduktivität erreicht.

Nach eingehenden Überlegungen sind wir zu der Ansicht gekommen, daß die Anwendung von Qualitätsnormen nicht nur in unserem Betrieb möglich ist, sondern daß in vielen Betrieben unserer Republik ähnlich verfahren werden könnte. Dabei werden die vielfältigsten Formen in Erscheinung treten.

In der Mehrzahl der Fälle wird eine Gütekontrolle am Endprodukt durchgeführt. Das bedeutet, die Qualitätsbewertung kann nicht direkt für den einzelnen Arbeiter vorgenommen werden, sondern muß in diesem Falle als Durchschnittsqualität aller beteiligten Arbeiter angesehen werden. Die individuelle Normenerfüllung ist dann mit der vom Kollektiv erreichten Qualitätserfüllung zu korrigieren.

Besteht die Möglichkeit der Gütekontrolle auch bei Halbfertigfabrikaten, so läßt sich selbstverständlich auch die Qualitätserfüllung für einen kleineren Produktionsbereich ermitteln.

Der Idealfall jedoch, daß für jeden Produktionsarbeiter die von ihm selbst erreichte Qualität bewertet wird, tritt wahrscheinlich sehr selten ein. Diesem Idealfall möglichst nahezukommen, sollte jedoch Ziel jeder Qualitätsbewertung sein, da hierdurch der größte materielle Anreiz für gute Qualitätsarbeit gegeben ist.

Wie uns bekannt ist, wird auch in einigen anderen Betrieben unserer Republik schon jetzt die unterschiedliche Qualität für die Bewertung der geleisteten Arbeit herangezogen. Wir fordern diese Betriebe zur Veröffentlichung ihrer Erfahrungen auf diesem Gebiete auf, um eine allseitige und umfassende Bewegung zur Verbesserung der Qualität unserer Erzeugnisse zu entwickeln. Auf dem Wege zum Sozialismus steigen unsere Ansprüche von Tag zu Tag, aber wir müssen uns darüber im klaren sein: Wer hohe Ansprüche stellt, soll qualitätsgerecht produzieren! Sinnvolle Normenarbeit muß dabei helfen!

Weiterentwicklungen beim Schachtausbau

E. SIEGMUND, Senftenberg

Der Ausbau[1]) von Schächten in schwimmendem Gebirge kann bei mäßigen Teufen (bis etwa 250 m) durch besondere Maßnahmen der Abdichtung von Mauer- und Betonschächten gegen Eindringen von Wasser verbessert werden. Zu diesem Zwecke hat man die Dichtungsfuge zwischen den beiden notwendigen konzentrischen Mauerringen weit nach außen gelegt. Auf diese Weise wird der äußere Mauerring möglichst dünn. Die Füllung der etwa 100 mm dicken Dichtungsfuge liegt dann als wasserstauende Schicht auf dem dicken inneren Mauerring. Ein Vergießen der Fugen mit Asphalt hat sich wegen der Bildung von Luftblasen und der Unterbrechung des Asphalts durch Mörtelreste nicht bewährt. Ein dichter Anschluß an den erkalteten Asphalt ist nicht möglich. Daher wurde bei einem Schacht in den Niederlanden vor dem Hochmauern des Innenringes der Schachtmauerung der Außenring mit einer 2 cm dicken bituminösen Dichtungsmasse (Sauriermasse genannt) versehen. Bei einem anderen etwa 245 m tiefen Gefrierschacht verschmolz man etwa 100 mm dicke Bitumenplatten elektrisch zu einer zusammenhängenden Dichtungshaut, legte sie hinter den bis zu 70 cm dicken gemauerten Außenring und zog dann einen bis zu 85 cm dicken Innenring aus Stahlbeton hoch.

Die bisher einzige Schachtauskleidung[2]), die bei größeren Teufen wasserdicht hergestellt werden kann, ist die mit gußeisernen Ringen (Tübbings). Diese werden in der Regel aus einzelnen Ringteilen (Segmentstücken) zu einem vollen Ringe zusammengesetzt. Das Gußeisen war insbesondere infolge seiner geringen Biegefestigkeit und Verformbarkeit, seines leichten Brechens und seiner Sprödigkeit den Zerrungen und Stauchungen, vor allem den Auswirkungen durch Abbau in Schachtnähe nicht gewachsen. Deshalb zog man in Erwägung, die Tübbingsäule teleskopartig auszubilden, ein Gedanke, der bisher nicht in die Wirklichkeit umgesetzt wurde. An Stelle der seit 100 Jahren üblichen Tübbings aus dem Werkstoff Grauguß wurden zum ersten Male für zwei Schächte am linken Niederrhein solche aus Walzstahl verwendet. Vielleicht bahnt sich mit der Einführung des Walzstahls als Werkstoff für Tübbings eine neue bedeutende Weiterentwicklung auf dem Gebiete des Tübbingausbaus an.

Die Vorteile des Stahls gegenüber dem Grauguß bestehen einmal darin, daß der Stahl den besonders ungleichmäßig auftretenden Belastungen besser widersteht als das Gußeisen. Zudem sind Zug- und Biegefestigkeit größer. Außerdem vertragen derartige Ringe erhebliche Formänderungen ohne Bruch. Beim Gußringausbau mit Betonhinterfüllung (Verbundausbau) nimmt der Stahl wegen des günstigeren E-Modul-Verhältnisses zwischen Stahl und Beton mehr Belastung auf als das Gußeisen. Durch die Schweißbarkeit der Stahltübbings kann ein besserer Verbund durch aufgesetzte Verkrallungen erzielt werden. Die Schweißbarkeit des Stahltübbings erleichtert außerdem seine Instandsetzung. Beim Stahl sind weiter keine Lunkerbildungen möglich, die beim Gußring durch zu heißes Gießen eintreten können. Schließlich dürfen beim Stahltübbing auf Grund der besseren Festigkeitseigenschaften des Stahls die Wandstärken dünner ausgeführt werden. Dadurch können bei gleichem Gewicht größere Tübbingsegmentstücke hergestellt und damit Dichtungsflächen eingespart werden. Daraus ergibt sich wieder eine Verkürzung der Einbauzeiten. Nachteilig beim Stahl ist seine geringere Widerstandsfähigkeit gegen Korrosionseinwirkungen. Diesen kann aber durch Schutzanstriche begegnet werden. Zudem liegt der Preis eines Stahltübbings höher als der eines Gußtübbings. Auch ist die tatsächliche Bewährung der Stahltübbings noch nicht erwiesen.

Ein anderer fast vollständig wasserdichter Schachtausbau[3]) ist durch ein grundsätzlich neues vereinigtes Abteuf- und Ausbauverfahren möglich. Das eigentliche Abteufen erfolgt nach dem Gefrierverfahren. Während des Abteufens wird nur ein leichter Beton-Ausbau eingebracht. Dann wird der Schacht bis oben hin mit Wasser angefüllt. Auf die Wasseroberfläche wird ein gewölbter verlorener Boden gelegt, der den vorbereiteten, nunmehr Stück für Stück darauf aufgebauten Schachtringausbau vorläufig nach unten zu abschließt und diesen schließlich in das den Schachtausbruch füllende Wasser allmählich „einschwimmen" läßt. Zum endgültigen Ausbau benutzt man keine Tübbings, sondern wählt 30 bis 40 cm hohe U-Eisen, wodurch die Schachtsäule weit mehr gegliedert wird, so daß sie Gebirgskräften geschmeidiger ausweichen kann.

Gewöhnlich wählt man den Ausbau doppelwandig und füllt den etwa 40 cm weiten Ringraum mit Beton aus. Die U-Eisen sind Walzstahlprofile, die kreisförmig gebogen und zu einem Ring verschweißt werden. Durch Miteinanderverschrauben und Vernieten mehrerer solcher U-Eisen entstehen dann 1,5 m hohe Ringschüsse, die durch Spritzverzinken eine Schutzschicht gegen Korrosion erhalten. Nach Absinken der aus den zwei Stahlwänden und dem Zwischenbeton bestehenden Ausbausäule und dem Aufsetzen auf ein vorbereitetes Widerlager im Tiefsten des Ausbruchs wird der Ringraum hinter der Stahlsäule und dem anstehenden Gebirge mit einer zähen Bitumenmasse verfüllt, die lotrechte Bewegungen des Gebirges vom Schachtausbau fernhält. Dies ist eine weitere wesentliche Neuerung im Schachtausbau, und man hofft, dadurch in geeigneten Fällen auch im Schachtsicherheitspfeiler abbauen zu können, um die in ihnen lagernden Kohlenvorräte von oft mehreren Millionen t zu gewinnen.

[1]) BACHSTROEM, R. H.: Weiterentwicklung auf dem Gebiet des Schachtabteufens. VDI-Zeitschrift. Bd. 100, Nr. 26, S. 1245–1251, 1958.
[2]) HEISE-HERBST-FRITZSCHE: Bergbaukunde, 2. Bd., 7. Aufl., S. 157, Springer-Verlag, Berlin 1950.
[3]) REPETZKI, K.: Fachgebiete der Technik in Jahresübersichten. Bergbau Steinkohle. VDI Zeitschrift, Bd. 100. Nr. 26, S. 1265–1267, 1958.

Lesesteine

Der „Ferne" Osten

Auf dem XXI. Parteitag der KPdSU unterbrach N. S. CHRUSCHTSCHOW die Rede des Delegierten A. I. KIRITSCHENKO, als dieser über Lohnzuschläge für Arbeiten in Sibirien sprach. CHRUSCHTSCHOW ist der Meinung, daß solche Zuschläge zum Grundlohn abgeschafft werden sollen, und er begründete dies folgendermaßen:

„Der Ferne Osten ist wegen seiner Naturbedingungen die Perle unseres Landes. Doch früher war er wirklich fern: Mit Pferden reiste man fast ein halbes Jahr dorthin und mit der Eisenbahn zwei ganze Wochen. Jetzt fliegen wir mit dem Flugzeug von Moskau in 6—8 Stunden dorthin; wir frühstücken hier, und Mittag essen wir im Fernen Osten. Ist das etwa „fern"? Er ist nicht mehr „fern", er ist uns nahe geworden. Und die klimatischen Bedingungen? In verschiedenen Gebieten wachsen dort Weinreben.

Und nehmen Sie Sachalin! Was ist das für eine herrliche Gegend! Und die sibirischen Städte! Oder Jakutien! Dort pulsiert das Leben, ein vollblütiges, arbeitsames, gutes Leben.

Und was ist mit diesen Zuschlägen? Wenn ein Jakute dort geboren ist, erhält er nur den Lohn. Ein Jakute, der aus den zentralen Gebieten des Landes dorthin gereist ist, erhält für die gleiche Arbeit einen anderen Lohn. Nicht umsonst haben mir jakutische Genossen in einem Gespräch scherzhaft vorgeschlagen:

‚Machen wir es doch so: Wenn ein Jakute geboren wird, zahlen wir ihm sofort mehr, weil er in Jakutien zur Welt gekommen ist.'

Wenn wir diese Zuschläge beibehalten, diskreditieren wir die herrlichen und überaus reichen Gebiete der Sowjetunion. Dort herrscht ein gesundes Klima, und oftmals werden kranke Menschen, die z. B. an den Jenissei reisen, gesund."

e.

Stand der Wissenschaft in der Sowjetunion

Unter dem Titel „Naturwissenschaft hinter dem Eisernen Vorhang" bekennt das Düsseldorfer Handelsblatt vom 30. 1. 1959: „Es besteht kein Zweifel mehr, daß die Naturwissenschaftler der Sowjetunion — sind doch gerade erst drei russische Physiker mit dem Nobelpreis ausgezeichnet worden — in den letzten Jahren zunehmend wichtige und international anerkannte Beiträge für die Erkenntnis des Mikro- und Makrokosmos, der lebendigen Welt und des geophysikalischen Geschehens geliefert haben. Verlassen nicht Jahr für Jahr viele Tausende neuer Ingenieure, Techniker und Wissenschaftler die Hochschulen des sowjetischen Machtbereiches? Haben die Russen nicht die gegenwärtig größte und stärkste Maschine zur Beschleunigung von Atomteilchen in Betrieb genommen? Kommt nicht Monat für Monat neue Kunde von aufsehenerregenden biologischen und medizinischen Experimenten zu uns in den Westen?

Schon lange hat ein immer dringlicher werdender Wunsch nach einer gehaltvollen, mit Sachverstand zusammengestellten und untendenziös kommentierten Übersicht bestanden, die in regelmäßiger Folge über den Stand der Naturwissenschaften des Sowjetlandes Auskunft geben könnte. Um so mehr, als bei uns wohl nur sehr wenige Forscher und Fachleute in der Lage sein dürften, die russische Originalliteratur zu lesen und in der Menge der Publikationen zugleich die Spreu vom Weizen zu sondern. ‚Die Zahl der im Osten hervorgebrachten Forschungsarbeiten ist so groß und ihr Gehalt so ungleichwertig, daß es auch für einen Sachkenner recht schwierig ist, sich hindurchzufinden. ... Auch die ideologische Polemik in vielen sowjetischen Aufsätzen trägt dazu bei, manchem Wissenschaftler die Beschäftigung mit Forschungseinrichtungen der Sowjetunion zu verleiden. Eine sinnvolle und zweckdienliche Auswertung der sowjetischen Naturwissenschaft wird aber durch genauere Kenntnis der Besonderheiten und größeren Zusammenhänge sehr erleichtert.' Das schrieb Staatssekretär a. D. Dr. ERICH WENDE, Präsident der Deutschen Gesellschaft für Osteuropakunde, in seinem Einführungswort zu dem ersten, vor einem Jahr herausgegebenen Heft der neuen Zeitschrift ‚Osteuropa-Naturwissenschaft', die unter der Gesamtredaktion des Rußlandexperten Dr. KLAUS MEHNERT bei der Deutschen Verlagsanstalt in Stuttgart erscheint und inzwischen auch ihr zweites Heft vorgelegt hat."

e.

Sowjetisches Erdöl auf dem Weltmarkt

Die „Chemische Rundschau", Solothurn, Nr. 18/1958, beschäftigt sich in einem Aufsatz „Neue Entwicklungen in der Politik der Ölkonzerne" u. a. mit dem Einfluß, den das sowjetische Erdöl zur Zeit ausübt und in Zukunft in wachsendem Maße auf den Weltmärkten ausüben wird.

Die Schweizer Zeitschrift stellt u. a. fest:

„Rußland könnte infolge seiner erweiterten Eigenproduktion in absehbarer Zeit selbst ein Großexporteur in Öl werden und damit die Konzerne in ähnlicher Weise konkurrenzieren, wie es gerade derzeit bei russischen Exporten in Rohmetallen (Platin, Aluminium, Zinn) der Fall ist. Rußland beunruhigt die internationalen Metallmärkte in einem solchen Maße, daß auf ihnen eine Preisstabilisierung nicht erzielt werden kann. Man stelle sich vor, seine Exporte würden einen solchen Umfang erreichen, daß die Preispolitik der Ölgesellschaften (die bekanntlich behaupten, keine Absprachen über Produktion, Verteilung und Preise zu besitzen) beträchtlich in Mitleidenschaft gezogen werden könnte." ...

„In der amerikanischen Handelskammer wurde mitgeteilt, daß spätestens im Jahre 1972 die Sowjetunion ebensoviel Rohöl produzieren wird wie heute die Vereinigten Staaten und daß auch bei ansehnlicher Steigerung des Eigenverbrauchs 100 Mio t pro Jahr als Exportüberschuß zur Verfügung stehen würden; dem Berichte wurde hinzugefügt, daß Westeuropas Bedarf etwa 150 Mio jährlich ist. Da aber schon in 2 Jahren soviel Öl gefördert werden wird, daß die Kapazität der russischen Raffinerien zu seiner Verarbeitung nicht hinreichen wird, müßte schon dann mit einer Ausfuhr von mindestens 30 Mio t zu rechnen sein. Von diesem Standpunkt aus gesehen, hätte die Sowjetunion kaum ein Interesse an der Einfuhr von Rohöl aus dem Irak oder aus Kuwait; das ist aber nicht gleichbedeutend mit einem sonstigen Desinteressement an der Produktion und der Verteilung von Öl des Mittleren Ostens. — Im Rahmen dieser Vorgänge dürften die maßgebenden Ölgesellschaften ihre Vertragspraxis ändern."

Das wäre zu begrüßen, denn dann würden die Rohölpreise sinken, und ihre künstliche Erhöhung würde nicht mehr wie bisher die Taschen der imperialistischen Erdölmagnaten füllen. Das sowjetische Erdöl wird also, wie es die Schweizer „Chemische Rundschau" „befürchtet", für eine normale Preisgestaltung auf den internationalen Märkten sorgen können, die sich zum Wohle aller ölverbrauchenden Länder auswirken wird.

e.

Schwarze Berge

Die Überproduktionskrise in den kapitalistischen Ländern wächst seit der Jahreswende 1957/58 unaufhörlich. Aus der Statistik der Investitionen in den wichtigsten kapitalistischen Industriestaaten ist ersichtlich, daß sich diese Überproduktionskrise noch weiter vertiefen wird.

Neben der verstärkten Tendenz einer zyklischen Weltagrarkrise, dem Rückgang der kapitalistischen Außenhandelsumsätze und zunehmender Arbeitslosigkeit und Kurzarbeit sind für den allgemeinen Wirtschaftsrückgang vor allem die Überproduktion bestimmter industrieller Rohstoffe kennzeichnend.

In den 6 Ländern der Montanunion lagen mit Beginn des Jahres 1959 insgesamt 25 Millionen t Steinkohle auf Halde. Nach Erhebungen der sogenannten Hohen Behörde der Montanunion ist weiterhin mit einem monatlichen Anwachsen der Haldenbestände von rund 1 Million t Steinkohle zu rechnen. Dabei haben sich die Haldenbestände am stärksten wieder in Westdeutschland erhöht. Im westdeutschen Steinkohlenbergbau liegen nach neuesten Meldungen 9,43 Millionen t Kohle und über 5 Millionen t Steinkohlenkoks auf Halde. Die Mengen entsprechen einer Förderung von 5 Wochen im gesamten Ruhrbergbau. Damit wurden jene Zahlen längst überschritten, die in der Weltwirtschaftskrise der 30iger Jahre den gesamten Ruhrbergbau erschütterten (Haldenbestände im Februar 1933 etwa 7,4 Millionen t Steinkohle).

Die „freie Marktwirtschaft" kracht in ihren Grundstützen. Die Tages- und Fachpresse kommt nicht mehr umhin, die ganze Misere des westdeutschen Kohlenbergbaus darzulegen. Die in Bochum erscheinende „Bergbau-Rundschau" schreibt unter dem Titel „Verfehlte Kohlenpolitik" im Heft 11/1958:

„Die Folgen lasten schwer auf der Bergarbeiterschaft. Sie mußte seit dem 22. Februar 1958 1,8 Millionen Feierschichten hinnehmen und verzeichnet einen Verdienstausfall von rund 43 Millionen DM. Hinzu kommt die zunehmende Gefährdung der Arbeitsplätze, kommt der starke psychologische Druck."

Und einige Zeilen darunter lesen wir:

„Zudem wird nicht etwa die Einfuhr von Brennstoffen aus dritten Ländern radikal gedrosselt, sondern liegt nach wie vor höher als der tatsächliche Importbedarf. Ein solches Außerachtlassen jeder volkswirtschaftlich vernünftigen Kohlenpolitik mußte sich natürlich rächen."

Vor allem die USA exportieren ja bekanntlich große Mengen an Steinkohle nach Westdeutschland. Ein Blick auf die Preise zeigt uns, „wo der Hase im Pfeffer liegt": 1 t amerikanische Feinkohle kostet in Hamburg 59 DM, 1 t Kokskohle 63 DM. Die Preise für Ruhrkohle liegen zwischen 80 und 83 DM/t.

So sieht also die freie Marktwirtschaft aus, die die Grundlage des westdeutschen Fortschritts darstellt. Die der Bevölkerung versprochenen „goldenen Berge" des „Wirtschaftswunders" sind nun für alle sichtbar, sie leuchten im Ruhrgebiet weithin mit ihrer schwarzen Farbe.

Als Ausweg wird nun die Stillegung von Zechen zur Rationalisierung sowie die Beseitigung der Wettbewerbsbenachteiligung des Bergbaus auf dem Energiemarkt von den westdeutschen Wirtschaftsexperten vorgeschlagen. Die Bergarbeiter müssen also wieder ihre Haut hergeben, damit die Profite der Ruhrmagnaten nicht sinken. —ul—

Spanische Wirtschaftsführung

Wenn der spanische Wirtschaftsfachmann JESUS PRADOS ARRATE in einem von der Zentralbank in Madrid veröffentlichten Jahresbericht des Jahres 1958 feststellt, daß der spanische Außenhandel den „Zustand einer ernsten Krise" erreicht habe, so wundert uns das nicht. Das faschistische Spanien ist zwar nicht unmittelbar in die Wirtschaft der Montanunion einbezogen, aber es zehrt wie alle kapitalistischen Staaten vom amerikanischen Kapital. Immerhin beträgt das spanische Außenhandelsdefizit in diesem Jahr bereits rund 300 Millionen Dollar. Die Unfähigkeit der Franco-Faschisten wird auf die Bevölkerung abgewälzt. Die Lebensmittelpreise stiegen allein 1958 um 13,6%. Die Inflation steht kurz bevor.

Nun glaubt FRANCO den Stein des Weisen gefunden zu haben, um den drohenden wirtschaftlichen Zusammenbruch seines Systems etwas aufzuhalten. Er verabschiedete Ende des vergangenen Jahres ein Gesetz, das ausländischen Unternehmen das Recht zur Niederlassung und zur Erdölförderung in Spanien und den spanisch unterdrückten Gebieten einräumt. Im Gesetz wurde festgelegt, daß die ausländischen Firmen 50% des Gewinns an die spanische Regierung abzuführen haben. Nach ersten Meldungen aus Madrid sollen „Sprecher amerikanischer Erdölgesellschaften sich befriedigt über die in dem Gesetz vorgesehene Gewinnbeteiligung ausgesprochen haben". Die amerikanischen „Erdölhaie" wittern ein großes Geschäft. Sie richten schon lange ihr Interesse auf die afrikanischen Kolonialgebiete Spaniens, in denen Erdölstrukturen vermutet werden. —ul—

Besprechungen und Referate

Autorenkollektiv

Klassifikation von Mineralvorräten

„Freiberger Forschungshefte", C 54, Lagerstättenkunde, 128 S., 15 Tabellen, 96 Literaturangaben. Akademie-Verlag Berlin 1958, Preis DM 6,—

Nachdem über das Problem der Vorratsklassifikation in den Fachkreisen der Deutschen Demokratischen Republik eine Übereinstimmung der Auffassungen erreicht wurde, setzt sich F. STAMMBERGER in seiner Veröffentlichung „Zu einigen Grundfragen der Klassifikation von Mineralvorräten" mit den Ansichten und Diskussionen ausländischer und insbesondere westdeutscher Fachkreise auseinander. Er diskutiert die Begriffe „Lagerstätte" und „Vorrat" und zeigt, daß nur der komplexe Begriff des Vorrates als Ausgangspunkt einer Klassifikation dienen kann. Es werden u. a. die von JAHNS vorgeschlagene schrittweise Einteilung der Vorräte, und die „Aussagesicherheit" kritisch untersucht und die verschiedenen Einteilungen der Vorräte in Gruppen und Klassen diskutiert, wobei die Vorschläge von BLONDEL-LASKY mit der DDR-Klassifikation verglichen werden.

Die gebräuchlichsten Vorratsklassen der internationalen sowie der USA-Klassifikation werden mit der DDR-Klassifikation parallelisiert ($A_2 + B + C_1$ = sicher, C_2 = wahrscheinlich, D (prognostisch) = möglich).

„Zu den Fragen der Bauwürdigkeit bei der Klassifikation von Lagerstättenvorräten" nimmt G. PRATZKA ausführlich Stellung und zeigt den entscheidenden Einfluß des jeweiligen Wirtschaftssystems bei der ökonomischen Bewertung einer Lagerstätte: In der kapitalistischen Wirtschaft bestimmt der Weltmarktpreis des abzubauenden mineralischen Rohstoffes maßgeblich die Bauwürdigkeit einer Lagerstätte. In der sozialistischen Wirtschaft wird die Bauwürdigkeitsgrenze durch staatlich festgelegte fortschrittliche Konditionen bestimmt. Die Konditionen werden aus dem Grundgesetz des Sozialismus und den Volkswirtschaftsplänen erarbeitet. Pratzka schlägt vor, zur besseren Lagerstättenpflege entsprechend dem industriellen Minimalgehalt einen volkswirtschaftlich noch tragbaren industriellen Maximalgehalt des Fördergutes einzuführen.

F. STAMMBERGER schildert die „Entwicklungslinien der sowjetischen Vorratsklassifikationen" und zeigt an Hand der ausführlich wiedergegebenen sowjetischen Klassifikationen (1927, 1933, 1941, 1953) die Änderungen als Ergebnisse einer 40jährigen praktischen Erfahrung. Diese Arbeit ist besonders interessant, da die älteren sowjetischen Klassifikationen in deutschen Fachkreisen in dieser umfassenden Darstellung wenig bekannt waren.

H. ULBRICH gibt in seiner Arbeit „Klassifizierung von Lagerstättenvorräten mineralischer Rohstoffe" einen guten Überblick über die Vorratsklassifikationen, die seit 1900 in den einzelnen Ländern bzw. von einzelnen Fachleuten erarbeitet wurden und unterzieht sie einer kritischen Betrachtung. Abschließend geht er auf die Erarbeitung einer einheitlichen Vorratsklassifikation für die sozialistischen Länder ein und stellt die wesentlichen Grundsätze zusammen.

Dem Forschungsheft sind weiter ein „Verzeichnis der in der Deutschen Demokratischen Republik veröffentlichten Arbeiten zur Bewertung von Lagerstättenvorräten" (mit kurzen Inhaltsübersichten) sowie der Text der „Klassifikation der Lagerstättenvorräte fester mineralischer Rohstoffe der Deutschen Demokratischen Republik" vom 4. September 1956 beigegeben.

Das Heft gibt einen ausgezeichneten Überblick über den erreichten Stand und die noch vorhandenen Probleme bei der Klassifikation von Mineralvorräten. —S.—

MEMPEL, G.

Vorkommen und Bildung von Impsonit (inkohltem Asphalt) im devonischen Riffkalk des Iberges bei Grund (Oberharz)

„Erdöl und Kohle" 1958, S. 849—853

Der Iberg nördlich von Grund im Oberharz wird von einem devonischen Korallenriff gebildet, dessen Wachstum bis zum Unterkarbon andauerte. In dem devonischen Iberger Kalk tritt in meist kleinen, mitunter aber auch faustgroßen Stücken, Putzen und Nestern ein tiefschwarzes, glänzendes, sprödes Mineral auf, Impsonit. Eine Elementaranalyse ergab:

C = 77,43%, H = 4,14%, 0 = 6,24%,
N = 1,07%, S = 0,95%, Rückstand = 8,8%,
H/C = 0,648 O/C = 0,061.

Diese Anthraxolithart stellt einen Erdölrückstand dar. Der Autor weist mit Recht darauf hin: „Es wäre eine dankbare Aufgabe für Erdöl- und Kohlenchemiker, einen Weg zur Unterscheidung hochinkohlter Kohlen (Anthrazit) von hochinkohlten Erdölen (Impsonit) zu finden."

MEMPEL nimmt an, daß man „als spätesten Zeitabschnitt für die Migration der Kohlenwasserstoffe in das Iberger Riff in jedem Fall das Oberkarbon ansehen muß". Und zum Schluß wird mit Recht betont, daß dieses Mineral Impsonit (Anthraxolith) eine besondere Bedeutung für den Erdölgeologen habe.

Das gilt auch für unsere thüringischen Erdölgeologen. Ähnliche Anthraxolithe, wie sie jetzt MEMPEL aus dem Harz beschreibt, sind auch aus altpaläozoischen Schichten des Thüringer Waldes bekannt. Es hat also in den heutigen Hochgebieten des Harzes und des Thüringer Waldes eine erhebliche Erdöl-Migration bis zum Oberkarbon stattgefunden und es dürfte keinem Zweifel unterliegen, daß gleichartige Migrationsvorgänge auch in dem heutigen Tiefgebiet des Thüringer Beckens einmal vor sich gegangen sind.

LANGE

WILHELMY, H.

Klimamorphologie der Massengesteine

Georg Westermann Verl., Braunschweig 1958, 238 S. mit 137 Abb. im Text

Die Oberflächenform eines Bereiches ist die Resultierende der von Fall zu Fall in Größe und Richtung wechselnden Komponenten Gestein (und dessen inneres Gefüge), Tektogenese, Orogenese (als der das Gestein über den Meeresspiegel tragende Vorgang), Klima und Zeit. Erdgeschichtliche Betrachtung bedarf stets auch der Analyse der Formen, beginnend am Einzelblock, endend in der Synthese von Klein- und Großform. Der bei der morphologischen Definition eines Gebildes beschrittenen Irrwege sind viele; das vermag uns der Autor anschaulich an Hand von nahezu 400 verarbeiteten Werken älterer und neuester Literatur zu zeigen. Dies ist bei einer derart komplexen Erscheinung, wie sie die morphologische Situation eines Gebietes nun einmal darstellt, auch nicht verwunderlich, aber jede heute als falsch erkannte Deutung dürfte uns zukünftig zum mindesten mahnen, ihr nicht ein zweites Mal zuzuneigen.

Eine Analyse der Verwitterungsformen der Tiefengesteine ist nur mit einer engen Fassung der Klimabereiche möglich, so daß der Verfasser über die einfache Dreiteilung von nival, humid und arid zu einer strengeren Definition des Klimabereiches kommen muß.

Die Verwitterungserscheinungen an den Massengesteinen der temperiert-humiden Zonen (gemäßigtes Klima) sind für uns besonders interessant und sollen eingehender besprochen werden.

1. Vergrusung der Tiefengesteine

Verfasser unterscheidet zwei Arten der Vergrusung:

a) die rezente oder z. T. interglaziale, durch Hydratation der Silikate bewirkte,

b) die fossile (tertiäre) Roterdeverwitterung unseres Bereiches unter Abfuhr von SiO_2, der Alkalien und Erdalkalien.

Beide führen zur Grus- und Blockbildung, stellen chemisch aber etwas ganz anderes dar und sind deshalb auch mit chemischen Methoden unterscheidbar. Manche Profile im Bereich der mitteleuropäischen Granitvorkommen deuten auf eine fossile Vergrusung hin.

2. Blockmeer- und Blockstrombildung

a) Die Blockstrombildung wird als nichtrezente, an periglaziale Bereiche geknüpfte Erscheinung erkannt und ist ein sekundärer Prozeß, dem fast immer eine Blockmeerbildung vorausgegangen ist.

b) Die Blockmeerbildung kann unter entsprechenden Bedingungen (Entwaldung) heute noch vor sich gehen, wird aber im wesentlichen auf die vegetationsarme frühe Nacheiszeit beschränkt gewesen sein. Sie wird charakterisiert als ein bezüglich der Blöcke statischer Prozeß, da diese an Ort und Stelle verbleiben, während der Gesteinsgrus aus- und fortgespült wird.

3. Ebenfalls streng getrennt werden:

a) Blockmeere oder -ströme mit scharfkantigen Blöcken, wobei die Entstehung scharfkantiger Blöcke auf Frostsprengung in periglazialen Bereichen zurückgeführt werden kann.

b) Blockmeere oder -ströme mit stark gerundeten oder kugelförmigen Blöcken, deren Entstehung durch Ausspülung des Gruses aus vergrusten Gesteinsbereichen erklärt wird.

4. Die „Napfverwitterung" (sog. Opferkessel, Blutschalen, Strudeltöpfe in den Graniten der mitteleuropäischen Gebirge) ist eine chemische Verwitterung auf horizontalen oder wenig geneigten Flächen.

5. Verbreitet ist die Kleinstfrostsprengung, das ist eine Kleinabschuppung von Gesteinsblättchen in frostwechselreichen Wintern, die zur Rundung der Blöcke führt.

In den ständig feuchten Tropen ist vor allem eine chemisch tiefgründige Verwitterung (rote oder kaolinisierte Bodendecke mit runden im Detritus schwimmenden Blöcken) bekannt. Blockfelder werden durch Ausspülen des Detritus gebildet.

„Zuckerhüte", Glocken-, Helm- und Panzerberge sowie die in diese Formengruppe gehörenden, aus Intrusivgesteinen aufgebauten Inselberge kommen speziell in den wechselfeuchten Tropen (Wechsel von Regen- und Trockenzeiten) vor. Zum Teil ist ihre Anlage tektonisch begründet. Das äußere Erscheinungsbild ist typisch: es sind Halbkugeln oder spitze Mützen, die keine Vegetation besitzen und deren obere Gesteinslagen in flächenhaft riesigen und bis zu 30 m mächtigen Platten abgesondert sind.

Die Entstehung der überdimensionalen Fugen wird so gedeutet wie die z. T. in Tiefengesteinen vorkommende erdoberflächenparallele Bankung, nämlich als Druckentlastungsfugen. Die eigentümliche halbkugelförmige Gestalt des Berges an sich wird jedoch auf periodisch unterschiedlichen Wasserhaushalt mit starker Abspülung während der Regenzeit und fehlendes Wasser während der Trockenzeit und starke tageszeitliche Temperaturgegensätze, also auf klimatische Ursachen, zurückgeführt. Der Abtransport des Gesteinsschuttes spielt ebenfalls eine Rolle.

Auf den entblößten Gesteinsoberflächen entstehen vornehmlich durch chemische Lösung Karren.

Aus den wechselfeuchten Tropen mit überwiegender Trockenheit werden die tafoni beschrieben, deren Entstehung nichts mit Korrasion zu tun hat, sondern auf chemische Kernverwitterung und Hartrindenbildung der Blockoberfläche zurückgeht. Die schnell abtrocknende Gesteinsoberfläche erhält aus dem Blockinneren kapillar Feuchtigkeitsnachschub. Das Lösungswasser verdunstet erneut und auf der Oberfläche scheiden sich die aus dem Blockkern mitgeführten Salze ab. Das Gestein wird also von innen heraus gelöst und ausgehöhlt. Windrichtung und Sonnenstand spielen bei der gerichteten Anlage der Höhlen eine entscheidende Rolle.

In ganzjährig ariden Gebieten gibt es keine tafoni-Bildung. Auch die Insolationssprengung ist hier nach Meinung des Verfassers überschätzt worden. Viel bedeutender ist erstaunlicherweise die Hydratation, die zur Vergrusung des Gesteins führt.

Für die Polargebiete ist die Bildung scharfkantiger Blöcke typisch.

Aus der manchmal etwas zu breit angelegten Diskussion ergibt sich für den in Mitteleuropa arbeitenden Morphologen die Erkenntnis, daß die infolge klimamorphologischer Mehrschichtigkeit vorhandene Vielfalt der Formen zu scheiden ist in solche, uns aus dem Pleistozän, dem Tertiär und Prätertiär überlieferten Gebilde und in die rezenten Gestalten des Mega- und Mikroklimas.

Damit schneiden wir den problematischen Kern der klimamorphologischen Analyse überhaupt an: Was ist innerhalb einer Formengruppe auf die Wirkungen eines rezenten Mikroklimas zurückzuführen, was jedoch ist fossil?

Hier hilft nur die exakte Analyse der rezenten typischen Verwitterungsgestalten unter Diskussion der mikroklimatischen Möglichkeiten weiter. In diesem Sinne muß auch die Arbeit H. WILHELMYs verstanden werden.

Die Ausstattung des Werkes ist vorbildlich; reiche und qualitativ ausgezeichnete Illustrierung erleichtert ungemein das Verständnis. Eine kürzere Fassung des Textes wäre manchmal möglich gewesen und dem Gesamteindruck des Werkes zugute gekommen.

Einige kleine Mängel, wie z. B. Uneinheitlichkeit der Nomenklatur bei „Diluvium" und „Pleistozän" usw., lassen sich übersehen.

Das Buch ist auch für den an morphologischen Fragen interessierten Magmatektoniker zu empfehlen.

S. M. CHROBOK

SCHTSCHERBAKOW, D.

Die Entwicklung der Geologie in der UdSSR

Gesellschaft zur Verbreitung wissenschaftlicher Kenntnisse, Sektion Geowissenschaften, Heft 3/1958

In der kleinen Schrift (15 Seiten) ist in deutscher Sprache ein von dem Verfasser in der „Priroda" Nr. 17/1957 erschienener Aufsatz veröffentlicht. Darin wird eine gute Übersicht über den Stand der sowjetischen Geologie gegeben. Besonders interessieren die Abschnitte über „Die Bedeutung der tektonischen Analyse für die Suche nach Bodenschätzen", die „Gesetzmäßigkeiten der Verbreitung sedimentärer und magmatogener Lagerstätten" und „Der Reichtum der Sowjetunion an Kohle, Erdöl und Erdgas".

E.

Die Niederrheinische Braunkohlenformation

Ein Symposium, herausgegeben vom Geol. Landesamt Nordrhein-Westfalen (Prof. W. AHRENS). Fortschr. Geol. Rheinld. u. Westfalen. Doppelband (Band 1 und 2). 764 S., 61 Taf., 224 Abb., 36 Tab. Krefeld 1958

Das Symposium, das vom Geologischen Landesamt Nordrhein-Westfalen herausgegeben wird, bringt nicht nur thematisch zusammengehörige Arbeiten, sondern es soll — wie es im Vorwort heißt — „einen Querschnitt über den Stand der Forschung in einem Arbeitsgebiet geben, das im Mittelpunkt wissenschaftlichen und praktischen Interesses steht und für eine zusammenfassende Darstellung reif ist". Vorliegendem Doppelband über „die Niederrheinische Braunkohlenformation" sollen Bände folgen, die Beiträge der Geologie des Rheinisch-Westfälischen Steinkohlengebirges bringen, die Probleme im Pleistozän des Mittel- und Niederrheintales behandeln, welche die neueren Arbeiten über den tieferen Untergrund der Niederrheinischen Bucht zusammenfassen und über die Kreide des südwestlichen Münsterlandes berichten.

Der erste Doppelband dieser neuen Veröffentlichungsreihe vermittelt in zahlreichen Einzelarbeiten die derzeitigen Kenntnisse über die Bildung der Niederrheinischen Braunkohlenformationen. Die letzte derartige Darstellung brachte G. FLIEGEL 1910. Seitdem konnte aber — besonders in den letzten 10 Jahren — auf Grund zahlreicher Neuaufschlüsse und Bohrungen viel neues Beobachtungsmaterial gesammelt werden. Pollen- und kutikularanalytische Untersuchungen erwiesen erst in den letzten zwei Jahrzehnten ihre Brauchbarkeit hinsichtlich stratigraphischer Gliederung. So erbrachten die letzten Jahre das Beobachtungsmaterial, das die schon lang gesuchten Zusammenhänge zwischen marinem und kontinentalem Tertiär klar erkennen läßt.

Der Doppelband ist in zwei Teile aufgegliedert. Im ersten Teil werden Arbeiten über „die oligozänen Sedimente der Nordsee im nördlichen Teil der Niederrheinischen Bucht" veröffentlicht, im zweiten Teil Arbeiten über „die festländischen Ablagerungen der Oligozän-Miozän-Zeit im südlichen Teil der Niederrheinischen Bucht".

Die Einzelarbeiten sind jeweils unter bestimmte Untertitel gestellt. Das erleichtert dem Leser wesentlich das Aufsuchen ihn interessierender Artikel. An den Anfang des 1. Teiles werden drei Arbeiten gestellt, die die Tertiär-Profile der wichtigsten neuen Aufschlüsse beschreiben. Unter dem zweiten Themenkreis „Zur Sedimentologie der marinen Ablagerungen" werden Arbeiten zusammengefaßt, die sediment-petrographische und bodenphysikalische Untersuchungen zum Gegenstand haben.

Interessant sind drei Arbeiten von H. WERNER über „die Bestimmung des Glaukonitgehaltes von Formsanden des Oberoligozäns", über „zwei Schwermineralprofile im Oligozän der Niederrheinischen Bucht" und besonders über „den Nachweis mariner Beeinflussung von niederrheinischen Braunkohlen mit Hilfe des Ca/Mg-Verhältnisses". Von G. STADLER werden „Urananreicherungen im marinen Oberoligozän der Niederrheinischen Bucht" beschrieben und von W. ERNST „die Bestimmung der Salinitätsfazies tertiärer Tone der Niederrheinischen Bucht mit Hilfe des Bor-Gehaltes". Eine pollenanalytische Arbeit von F. R. AVERDIECK und zahlreiche Artikel verschiedenster Art (Flözauswaschungen, Schwimmsandintrusionen, ein Humusgel-Gang in Liegendsanden, Fazies und Mächtigkeit von Zwischenmitteln, allochthone Foraminiferen, Kohlengerölle und eine Magnoliacee als Treibholz) gehören hier dazu. Der 3. Untertitel „Zur Flora und Fauna der marinen Ablagerungen" vereinigt 15 Arbeiten mikro- und makropaläontologischer Art. Diese Arbeiten sind besonders in stratigraphischer Hinsicht von großem Wert. Der 1. Untertitel des II. Teiles lautet „Geophysikalischer und paläogeographischer Überblick über den südlichen Teil der Niederrheinischen Bucht". Neben einer Arbeit über Schweremessungen fand hier eine Arbeit von H. D. PFLUG über die „Anlage und Entwicklung der Niederrheinischen Bucht in der Oberkreide und im Alttertiär auf Grund sporenpaläontologischer Altersdatierungen" Platz. Dann folgen Artikel über „oligozäne Ablagerungen". Hierunter stehen neben Arbeiten, die lokale Spezialausbildungen beschreiben, solche, die über das Rheinland hinausgehen: WO. SCHMIDT „Die Blätterkohlen im Südzipfel der Niederrheinischen Bucht"; F. THIERGART „Die Sporomorphenflora von Rott im Siebengebirge"; H. W. SCHÜNEMANN „Zur Stratigraphie und Tektonik des Tertiärs und Altpleistozäns am Südrand der Niederrheinischen Bucht" und E. SCHRÖDER und M. TEICHMÜLLER „Doppleritische Spaltenfüllungen im Antweiler Graben".

Das 3. Kapitel „das Hauptflöz" bringt für den allgemein an der Braunkohle interessierten Wissenschaftler viele für seine Arbeit verwendbare Veröffentlichungen. Besonders die Frage der Fazies, die derzeit überall Gegenstand der Untersuchungen und des Interesses ist, steht im Mittelpunkt. Dem Paläobotaniker werden besonders folgende fünf Arbeiten etwas Neues bieten: G. NEUY-STOLZ „Zur Flora der Niederrheinischen Bucht während der Hauptflözbildung unter besonderer Berücksichtigung der Pollen und Pilzreste in den hellen Schichten"; H. WEYLAND „Die Monocotylen des ‚Hauptflözes' der Ville"; E. SCHÖNFELD „Die fossilen Hölzer der Niederrheinischen Braunkohle"; P. W. THOMSON „Die fossilen Früchte und Samen in der Niederrheinischen Braunkohlenformation"; W. SCHMIDT, M. SCHÜRMANN und M. TEICHMÜLLER „Fraßspuren an Früchten aus dem Niederrheinischen Braunkohlenwald". Faziesfragen beleuchten die Arbeiten von M. TEICHMÜLLER und P. W. THOMSON über „Vergleichende mikroskopische und chemische Untersuchungen der wichtigsten Faziestypen im Hauptflöz der Niederrheinischen Braunkohle", von M. TEICHMÜLLER über die „Rekonstruktion verschiedener Moortypen des Hauptflözes der Niederrheinischen Braunkohle" und von H. D. PFLUG über die „Fazies und Brikettierbarkeit der Niederrheinischen Braunkohlen". Arbeiten über tektonische Betrachtungen schließen sich an. Unter dem Kapitel „Das Deckgebirge" sind zwei Arbeiten zusammengefaßt, von denen die eine H. BREDDIN „Die unterirdische Oxydation der Braunkohle im Kölner Revier während der Pleistozän-Zeit" allgemeines Interesse erwecken dürfte. Den Abschluß des Symposiums bildet eine Arbeit von R. TEICHMÜLLER „Die Niederrheinische Braunkohlenformation. Der derzeitige Stand der Untersuchungen und offene Fragen". Darin findet sich das Fazit und teilweise auch eine kritische Einschätzung aller Spezialarbeiten.

Alle, die sich näher mit den augenblicklich vorliegenden Problemen der Braunkohle beschäftigen (Geologen, Biologen, Bergleute, Geophysiker und Mineralogen), werden viele Anregungen durch dieses Symposium erhalten. Die zusammenfassende Darstellung aller Probleme in einem gut aufgeschlossenen, faziell wechselvollen und tektonisch kompliziert gebauten Gebiet ist sehr gelungen. Vieles von dem wird sich auch in anderen Tertiärgebieten anwenden lassen. Es ist sehr zu begrüßen, daß auch hydrogeologische und bodenmechanische Probleme des eigentlichen Braunkohlenreviers, die in diesem Werk noch nicht erwähnt wurden, in einem der folgenden Bände veröffentlicht werden sollen.

Man möchte wünschen, daß dem inhaltlich in seinem Zweck und Ziel so gut getroffenen und in seiner Ausstattung vortrefflich gelungenen (Ganzleinen; viele, gute Abbildungen und aufschlußreiches Kartenmaterial) 1. Doppelband noch viele ähnliche folgen mögen, und daß die neue Veröffentlichungsreihe eine weite Verbreitung erfährt. DARMER

WILK, Z.

Die Mikrohydraulik

„Nafta" Nr. 6/57, Seite 152—155

Verfasser bespricht nur einige grundsätzliche Probleme der Mikrohydraulik und vertritt die Ansicht, daß man an diesen neuen Wissenszweig sehr vorsichtig herangehen sollte, ohne sich von der klassischen Mechanik der Flüssigkeiten oder sogar von der Spezialliteratur kritiklos beeinflussen zu lassen. Sie enthält aus der Kanal- und Rohrleitungs-Hydraulik nicht recht geeignete Ausdrücke, die das Verständnis für das Wesen der mikrohydraulischen Probleme oft erschweren.

Das Durchfließen von Flüssigkeiten, Gasen oder verflüssigtem Gas in porösen Räumen unterscheidet sich wesentlich vom Durchfließen derselben Phasen durch Kanäle, Rohrleitungen und den mit der relativen Schollenbewegung im kontinuierlichen Raum (Kontinuum) verknüpften Problemen. Die Durchflußmechanik in porösen Räumen gehört deshalb nicht mehr in den Rahmen der klassischen Hydromechanik oder Hydraulik hinein. Probleme der Mikrohydraulik sind nicht nur auf dem Gebiet der Erdöl- und Gasförderung aktuell, sondern auch dort, wo ein Durchfließen von Flüssigkeiten in porösen Räumen sich vollzieht. Im vorliegenden Artikel wird Mikrohydraulik als derjenige Teil der Flüssigkeitsmechanik bezeichnet, der sich mit dem Durchfließen poröser Räume befaßt. Ob unter gewissen Verhältnissen kleinere oder größere Partien des porösen Raumes durch

Spalten oder Risse aufgeteilt sind bzw. ob die „Gebirgswand" des porösen Raumes grundsätzlich aus Kapillaren besteht, ist nicht entscheidend.

Die Erscheinungen des Mikrodurchfließens werden häufig von anderen chemischen und physikalischen Erscheinungen begleitet, die man immer im gebührenden Maße berücksichtigen sollte. Verfasser führt hierfür Beispiele an. Auf den Bohrlochwänden poröser Gesteine findet aus der Spülung ein Abscheiden der festen Phase (Ton, Bentonit) vom Wasser statt, was Verfasser als Beispiel für die Filtration und des Mikrodurchfließens ansieht. Wenn dagegen reines Niederschlagswasser eine poröse Lagerstätte durchfließt, wird diese teilweise gelöst. In einem solchen Falle wird das Mikrodurchfließen von einem Mineralisationsvorgang begleitet. Beim Durchfließen von Erdöl, Erdgas bzw. Wasser durch poröse, der Erosion nicht unterliegende Gesteine kann dagegen eine Filtrationserscheinung nicht erkannt werden, da wir es hier — nach dem Verfasser — mit einem klassischen Mikrodurchfließen zu tun haben.

Verfasser berichtet, daß sich in manchen polnischen Fachbüchern Ungenauigkeiten und Fehler eingeschlichen haben und führt hierbei zahlreiche Beispiele an. Er ist der Meinung, daß es eigentlich einen dreiphasigen Durchfluß überhaupt nicht gibt, sondern höchstens einen zweiphasigen Durchfluß von Flüssigkeiten (oder verflüssigtem Gas) und Gas durch Kapillaren der dritten Phase, d. h. des porösen Raumes. Häufig haben wir es mit dem Durchfließen mehrerer verschiedenartiger Flüssigkeiten oder Gase zu tun. Es wäre daher besser, von einem ein- oder zweiphasigen Mikrodurchfließen, evtl. mit einer oder mehreren Komponenten zu sprechen.

Abschließend weist Verf. darauf hin, daß durch mangelnde Zusammenarbeit von Fachleuten gleicher Wissenschaften unnötige Verwirrungen entstehen, die ständig größer zu werden drohen. Verf. äußert den Wunsch, daß die Interessenten bald eine Übereinstimmung in der Nomenklatur erzielen mögen, nicht zuletzt zum Nutzen der studierenden Jugend. Ds.

LORENZ, R.
Brennen von kleinstückigem Kalkstein im Drehofen
„Silikat Technik" Nr. 1/1959, S. 29—31

Der Autor weist darauf hin, daß in den Steinbrüchen der Kalkwerke sowohl beim Abbau als auch bei der Aufbereitung sehr viel kleinstückiger Kalkstein anfällt, der meist in den vorhandenen Schachtöfen nicht verwertet werden kann. Besonders die Kalkwerke, die ausschließlich Muschelkalke abbauen, deren Gewinnung und Aufbereitung sehr viel splitterartigen Bruch ergibt, werden in ihrer Rentabilität beeinträchtigt, weil sie das kleinstückige Kalksteinmaterial ganz oder teilweise auf Halde fahren müssen.

Im Institut für Zement, Dessau, wurden daher Versuche durchgeführt, diesen kleinstückigen Kalkstein einer Verwertung zuzuführen. Der Autor berichtet darüber ausführlich. Er kommt zu dem Ergebnis, daß der Kalkstein, der bisher schon mit 2,— bis 3,— DM/t belastet und auf die Halde gefahren wurde, im Drehofen zu Industrie- und Baukalk einwandfreier Qualität gebrannt werden kann.

„Der Einsatz von Drehöfen bzw. Lepolöfen zum Kalkbrennen ist allerdings nur dort wirtschaftlich, wo sehr viel kleinstückiges Material (10—50 mm) anfällt. Bei einem Drehofen muß mit einer Leistung von mindestens 200 t Branntkalk/24 h gerechnet werden. Das bedeutet, daß täglich etwa 370 t Rohstein zur Verfügung stehen müssen. In der Deutschen Demokratischen Republik gibt es einige Kalksteinvorkommen, bei deren Abbau vornehmlich kleinstückiges Kalksteinmaterial anfällt. Dort könnte ohne weiteres der Drehofen eingesetzt werden." E.

Nachrichten und Informationen

Ausbau der mineralischen Rohstoffbasis in der Sowjetunion

Der Minister für Geologie der UdSSR, P. J. ANTROPOW, hat in der „Komsomolskaja Prawda" vom 20. 11. 1958 einen Beitrag über „Unermeßliche Bodenschätze" veröffentlicht, dem wir die nachstehende Kartenskizze sowie auszugsweise den folgenden Text entnehmen.

In den letzten 40 Jahren ist die Sowjetunion ihren Steinkohlenvorräten nach an den ersten Platz der Welt aufgerückt. Mehr als 57% aller bisher erforschten Steinkohlenvorkommen befinden sich auf dem Gebiete der Sowjetunion. Während die bekannten Steinkohlenvorräte im zaristischen Rußland 230 Mrd. t ausmachten, sind allein im Donezbecken die erforschten und wahrscheinlichen Steinkohlenvorräte auf über 240 Mrd. t angestiegen.

Über den Erkundungsstand der Erforschung der Erdöl- und Erdgasvorkommen berichtet ANTROPOW:

„Im letzten Jahr wurden in der Nähe von Buchara in Usbekistan Gasvorkommen entdeckt, die allem Anschein nach zu den größten der Welt gehören. Schon die ersten geologischen Forschungsarbeiten im Rayon Buchara zeigten,

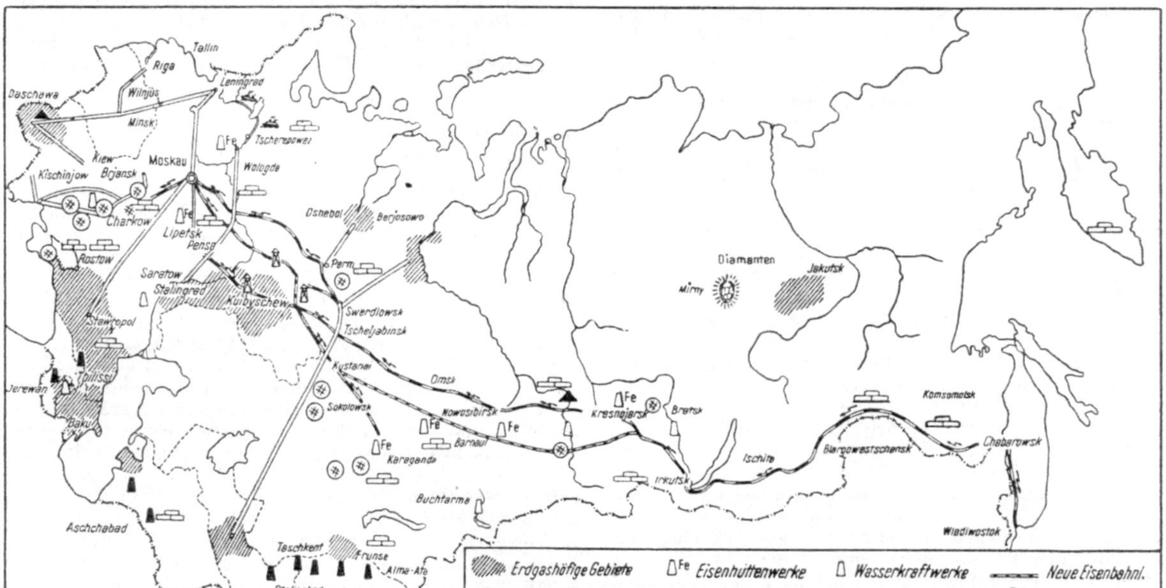

Die Entwicklung der mineralischen Rohstoffvorkommen bis 1965 in der Sowjetunion

daß wir es hier mit solchen Erdöl- und Gasgebieten zu tun haben, die offensichtlich nicht hinter den gas- und erdöltragenden Schichten der arabischen Halbinsel oder der Länder des arabischen Ostens zurückbleiben, sondern sie sogar noch übertreffen werden. In letzter Zeit gab es auch Anzeichen für Erdöl- und Gasvorkommen in einzelnen Gebieten Westsibiriens, Ostsibiriens, Jakutiens und anderen östlichen Gebieten der Sowjetunion."

„Die Entdeckung neuer Bodenschätze kündet den Aufbau neuer großer Betriebe an . . . Die Bodenschätze sind aber keine Pilze, die auf dem gleichen Boden noch einmal wachsen. Deshalb muß man sie sehr sorgfältig behandeln, denn für unsere großen neuen Industrialisierungspläne benötigen wir alle Bodenschätze, die im Inneren unserer großen und reichen Heimat verborgen sind."

Dieser Hinweis des Ministers für Geologie der Sowjetunion hat auch für die Erforschung der Bodenschätze der DDR seine Gültigkeit.

E.

Forschungen auf der Kola-Halbinsel

Die Zweigstelle Kola der Akademie der Wissenschaften der UdSSR hat ein neues Institut für Chemie und Technologie mineralischer Rohstoffe ins Leben gerufen. 500 Experten und 200 andere Mitarbeiter mit Hochschulbildung sind mit den Fragen der weiteren Erschließung der Bodenschätze des Murmansker Gebietes beschäftigt. Schwerpunkte sind u. a. die weitere Erforschung der Nickel- und Kupferlagerstätten von Montschi und der Apatit- und Nephelinvorkommen des Chibiner Gebirges.

Die Vorarbeiten zum Aufbau eines Bergbau-Zentrums in dem östlichen Gebiet von Kirowsk konnten abgeschlossen werden. Die dort reichlich auftretenden Aluminium-Silikate sollen zur Herstellung erstklassiger feuerfester Steine Verwendung finden.

E.

Albanien — Erfolge und Perspektiven der Geologie

Die albanische Wirtschaft hat sich aus jahrhundertelanger kolonialer Unterdrückung und größter Rückständigkeit seit Bestehen der Volksmacht 1944 zu einem Land mit fortgeschrittener Landwirtschaft und Industrie entwickelt. In nicht geringem Maße hat die rasche Entwicklung der Grundstoffindustrie daran Anteil. So konnte die Planerfüllung in den einzelnen Industriezweigen u. a. 1957 gegenüber 1956 wie folgt gesteigert werden:

Erdölindustrie	112,5%
Asphaltindustrie	101,1%
Kohlenförderung	96,8%
Chromerzeugung	104,5%
Kupferindustrie	132,9%

Die Produktion verteilte sich im einzelnen wie folgt:

Erdöl, brutto	489,765 t	184,3%	(im Vergl. zu 1956)
Benzin	21,328 t	326,6%	
Gasöl, raffiniert	38,209 t	431,2%	
Asphalt, flüssig	146,938 t	216,7%	
Asphalt, gereinigt	24,314 t	105,2%	
Steinkohle	235,733 t	105,2%	
Chromerze	167,290 t	126,6%	

Gerade die Erdölindustrie besitzt in Albanien noch sehr große Perspektiven, da ausgedehnte Gebiete noch nicht in die Erkundung einbezogen wurden. Erdöl ist neben Chromerzen und Tabak eines der wichtigsten Exportgüter des Landes.

Auch die Erkundung von anderen Bodenschätzen ist noch lange nicht abgeschlossen. Sie wird teilweise von albanischen Geologen durchgeführt, teilweise haben die volksdemokratischen Länder einschließlich der Sowjetunion und der DDR ihre Geologen nach Albanien entsandt, um dem sozialistischen Brudervolk beim Aufbau der Friedenswirtschaft und bei der Beseitigung der Rückständigkeit zu helfen. So beteiligt sich die DDR bei der geologischen Erkundung von gediegenem Schwefel, von Talk, Asbest und Phosphatkalken.

Ingenieurgeologische Probleme ergeben sich in der Volksrepublik Albanien insbesondere durch den Bau von Talsperren (Karl Marx, Shkopet und Bistriza) und durch umfangreichen Straßen- und Brückenbau.

Lö—

Entwicklung des Weltenergieverbrauchs

Der „Sonderveröffentlichung" der Deutschen Shell AG, Januar 1959, über die „Struktur und Entwicklung des Weltenergieverbrauchs" entnehmen wir:

„. . . In der Zusammensetzung des Energieverbrauchs hat ein Strukturwandel stattgefunden, der seinesgleichen sucht und allein schon als bezeichnend für die technische Revolution angesehen werden kann, die sich im Laufe der letzten Jahrzehnte abgespielt hat."

„Das Erdgas ist zum drittwichtigsten Energieträger der Welt aufgerückt und trägt heute bereits mehr als doppelt soviel wie die Wasserkraft zur Energieversorgung der Welt bei. Dabei stehen wir hier erst am Anfang einer Entwicklung, die noch durchaus Überraschungen bringen kann."

Tabelle 1. Der Primärenergieverbrauch der Welt nach Energieträgern:

Jahr	Insgesamt	1913–1957 (Mio t SKE) Absolute Mengen davon				Anteile in v. H.			
		Kohle	Erdöl	Erdgas	Wasserkraft	Kohle	Erdöl	Erdgas	Wasserkraft
1913	1337	1267	70	—	—	94,8	5,2	—	—
1929	1863	1421	287	70	85	76,3	15,4	3,8	4,6
1938	1848	1283	355	97	113	69,4	19,2	5,2	6,1
1950	2670	1547	680	256	187[1])	57,9	25,5	9,6	7,0
1951	2885	1626	770	304	185[1])	56,4	26,7	10,5	6,4
1952	2927	1609	810	328	180[1])	55,0	27,7	11,2	6,1
1953	2993	1615	858	347	173[1])	54,0	28,7	11,6	5,8
1954	3040	1597	897	364	182	52,5	29,5	12,0	6,0
1955	3316	1722	1005	395	196	51,9	30,3	11,9	5,9
1956	3538	1807	1092	430	209	51,1	30,9	12,2	5,9
1957	3654	1820	1154	460[2])	220[2])	49,8	31,6	12,6	6,0

[1]) Der Rückgang erklärt sich z. T. aus der Verwendung eines sinkenden Umrechnungssatzes.
[2]) Vorläufige Schätzungen.

Tabelle 2. Der Primärenergieverbrauch der Bundesrepublik Deutschland 1938—1957 (Mio t SKE):

Jahr	Insgesamt	davon Kohle	Erdöl	Erdgas	Wasserkraft
1938	141	132	5	0,0	3,5
1950	121	111	6	0,1	4,2
1951	138	126	7	0,1	4,6
1952	145	132	8	0,1	5,0
1953	141	129	8	0,1	3,6
1954	153	136	13	0,1	4,3
1955	168	147	16	0,4	4,6
1956	181	154	21	0,8	4,8
1957	181	154	22	0,8	4,6

Tabelle 3

Umrechnungssätze Energieträger		Äquivalent in t SKE
1 t Braunkohle	Welt	0,4
	UdSSR	0,4
	Bundesrepublik Deutschland	0,286
	Frankreich	0,6
1 t Erdöl / 1 t Erdölerzeugnisse / 1000 cbm Erdgas		1,3
1000 kWh elektrischer Strom aus Wasserkraft		
	1913	1,8
	1929	0,7
	1938	0,6
	1950–1952	0,5
	1953–1957	0,4

*

„Dem prozentualen Anteil nach ist das Erdöl heute der wichtigste Energieträger der Vereinigten Staaten. Sein Anteil am Gesamtverbrauch an Primärenergie betrug 1957 36,7 v. H. Auch in anderer Hinsicht weist die amerikanische Energiewirtschaft Besonderheiten auf. Es wird sehr leicht übersehen, daß in den Vereinigten Staaten das Erdgas in der Versorgung mit Primärenergie eine außerordentlich große

Rolle spielt. 1957 entfielen vom Verbrauch an Primärenergie in den Vereinigten Staaten auf Erdgas 30,5 v. H., also mehr als auf Kohle. Wie in anderen Industrieländern, so kommt auch in den Vereinigten Staaten der Wasserkraft nur eine relativ kleine Bedeutung im Rahmen der Gesamtversorgung mit Primärenergie zu. 1957 belief sich ihr Anteil auf nur 3,9 v. H." ...

„1913 betrug der Anteil der Kohle am Verbrauch an Primärenergie noch 87,8 v. H., 1929 67,8 v. H., 1938 50,5 v. H. und 1957 nur noch 28,9 v. H. War anfangs das Erdöl der Faktor mit der größten Dynamik bei der Bereitstellung von Primärenergie, so ist in den letzten Jahren die Funktion der Bereitstellung von Primärenergie für die weitere allgemeine Expansion auf das Erdgas übergegangen. Der Anteil des Erdöls hat sich seit 1950 wenig geändert, das Erdgas hat hingegen seinen Anteil seit 1950 von 20,7 auf 30,5 v. H. steigern können. Die Wasserkraft hat in den USA über einen längeren Zeitraum hinweg ihren relativ stabilen Anteil von etwa 4 v. H. gehalten."

Tabelle 4. Primärenergieverbrauch der Vereinigten Staaten 1913—1957 in %

Jahr	Kohle	Erdöl	Erdgas	Wasserkraft
1913	87,8	6,7	3,7	1,8
1929	67,8	20,1	8,9	3,2
1938	50,5	30,4	14,3	4,8
1950	40,2	34,5	20,7	4,6
1951	38,0	35,0	22,7	4,3
1952	34,4	36,4	24,6	4,6
1953	33,7	37,4	25,3	3,6
1954	30,1	38,8	27,3	3,8
1955	31,4	38,2	26,8	3,6
1956	30,3	38,6	27,4	3,7
1957	28,9	36,7	30,5	3,9

E.

Petrochemische Industrie der kapitalistischen Welt

Nach Angaben der Texas Company soll sich die Produktion der petrochemischen Industrie der kapitalistischen Welt bis 1965 verdoppeln. Im Jahre 1962 soll die Produktion auf 33,3 Mrd. kg, bis 1965 auf etwa 45 Mrd. kg gesteigert werden. Die Vereinigten Staaten wollen davon bis 1965 allein 38,3 Mrd. kg produzieren. Bis 1965 soll das Produktionsvolumen Westeuropas und Großbritanniens 2,25 Mrd. kg betragen.

—z—

Weltrohölproduktion 1958

Nach den „Erdölnachrichten" Shell-Pressedienst, Nr. 136 vom 19. 1. 1959 ergab sich für die Weltrohölförderung 1958:

Tabelle 1

Förderung (in Mio t)	1955	1956	1957	1958	An-/Abstieg 1957/58
Nordamerika	352,4	376,0	377,5	349,2	− 7,4%
Mittlerer Osten	162,5	172,5	178,0	214,8	+ 20,7%
Südamerika	142,5	160,9	179,1	174,5	− 2,5%
Ferner Osten	18,7	19,8	22,8	23,8	+ 4,4%
Afrika	0,2	0,2	0,3	1,4	−
Westeuropa	9,4	10,2	11,8	12,3	+ 4,2%
Ostblock (= soz. Länder)	84,6	97,9	112,7	129,2	+ 14,6%
Welt	770,3	837,5	882,2	905,2	+ 2,6%

Förderteil an der Weltproduktion (in %)	1957	1958
Nordamerika	42,7	38,6
Mittlerer Osten	20,1	23,7
Südamerika	20,5	19,3
Ferner Osten	2,6	2,7
Westeuropa	1,3	1,4
Ostblock (sozialistische Länder)	12,8	14,3
	100%	100%

Von der Gesamtförderung des Mittleren Ostens entfielen auf Kuweit 70,1 Mio t, auf Saudi-Arabien 50,4, auf den Iran 41,0 und auf den Irak 35,8 Mio t, von der nordamerikanischen Produktion 327,5 Mio t auf die USA und 21,1 Mio t auf Kanada. Unter den südamerikanischen Ländern hatte nur Venezuela mit 138,0 Mio t und Mexiko mit 13,3 Mio t eine Förderung über 10 Mio t. Die 12,3 Mio t der westeuropäischen Rohölproduktion und die Produktion der sozialistischen Länder verteilten sich nach der gleichen Quelle auf:

Tabelle 2

Westeuropa (in Mio t)	12,3	Ostblock (sozialistische Länder) (in Mio t)	129,2
Deutschland	4,4	UdSSR	113,5
Österreich	2,9	Rumänien	11,5
Holland	1,5	China	2,2
Frankreich	1,4	Ungarn	0,8
Italien	1,5	Albanien	0,6
Jugoslawien	0,5	Bulgarien	0,3
England	0,1	Polen	0,2
		Tschechoslowakei	0,1

E.

Kirchheiligen 2 ölfündig

Der „Erdölpionier" Jg. 2, H. 2, März 1959, teilt mit, daß am 2. Februar die Bohrung Kirchheiligen 2 (Thüringen) eruptiv ölfündig wurde. Die während des Produktionsversuchs angefallene Menge erreichte 7 t eines leichten, paraffinbasischen Rohöles. Die Testarbeiten waren bei Eingang dieser Meldung noch nicht abgeschlossen.

Plön — Hohenfelde Z 1

Der Fund einer Kondensatlagerstätte östlich von Schönburg, nur 100 m vom Ostseestrand entfernt, hat erhebliches Aufsehen erregt. Die Bemühungen, im Zechstein von Holstein fündig zu werden, haben ihren ersten großen Erfolg gezeitigt. Die Bohrung „Cismar 1" an der Lübecker Bucht war zum ersten Mal auf Erdgas fündig geworden. Die darauf niedergebrachten Bohrungen „C 2" und „C 3" trafen das Gaslager nicht an, obwohl die Bohrung „C 3" fast 4500 m erreichte.

Nun hat die Bohrung Plön—Hohenfelde Z 1 südlich von Kiel in 4277 m Teufe eine Kondensatlagerstätte erschlossen, von der man annimmt, daß sie die bisherigen Planungen „mächtig vorantreiben" wird. Man nimmt jetzt an, daß die Gasfelder Holsteins mit den gleichfalls im Zechstein auftretenden Gasfeldern Süd-Oldenburgs in Verbindung stehen. Während von seiten der Erdölkonzerne noch keine Schlußfolgerungen bekanntgegeben wurden und man noch von möglichen Enttäuschungen spricht, rechnen — nach einer westdeutschen Pressestimme — die Geologen und Bohrleute nicht damit. Man erwartet ein Gasfeld von gewaltigen Ausmaßen. Man wird neue Tiefbohrungen in der Nähe ansetzen. Es ist durchaus möglich, daß dann dieses Gasfeld so groß wird, daß es die Gasversorgung weiter Teile des „kohlefernen" Schleswig-Holstein revolutioniert, wo jetzt schon Gegenden mit Erdgas aus dem Kieler Bezirk kochen und ihre Industrieanlagen heizen. E.

Erdöl bei Karlsruhe

Etwa 6 km nordwestlich vom Stadtzentrum von Karlsruhe wurde die Bohrung Neureut 4 zwischen dem Dorf Neureut und dem Rhein ölfündig. Bei einem Fördertest erbrachte die Sonde eine eruptive Anfangsproduktion von täglich 10—12 m³ durch eine 3-mm-Düse E.

Pipelines in Westdeutschland

Ende 1958 wurde die erste größere Pipeline in Westdeutschland in Betrieb genommen. Sie bringt die in Wilhelmshaven gelöschten Importrohöle über eine rund 318 km lange Strecke in die neuen Raffinerien in der Nähe von Köln. Die Ölleitung besteht aus Stahlrohren mit einem Durchmesser von etwa 71 cm. Sie hat ein Fassungsvermögen von 143000 t Rohöl.

Eine weitere Pipeline ist von Rotterdam/Holland aus im Bau. Sie soll bis 1960 bis nach Godorf (bei Köln) geführt werden, wo die Deutsche Shell AG eine neue Raffinerie errichtet. Die Rohre mit einem Durchmesser von 61 cm werden auf der gesamten Strecke etwa 60 cm unter der Erdoberfläche verlaufen. —ul—

USA-Konzerne sichern Anteil an Saharaöl

In den nächsten Tagen wird die Unterzeichnung eines Vertrages zwischen der französischen Erdölgesellschaft „Compagnie française des Pétroles" und der „Standard Oil of New Jersey" über die Erdölsuche in der Sahara erfolgen. Wie bekannt, hat die französische Regierung bereits im Prinzip einem Vertrag zugestimmt, der eine Verteilung der Interessen wie folgt vorsieht: Standard Oil 50%, Compagnie française des Pétroles 35%, Kapitalbeteiligungsgesellschaft Petropar 15%. D.

Neues Erdölvorkommen in der Sahara

80 km südwestlich von Edjelé wurde bei Ouan Taredert in der Algerischen Sahara, unweit der libyschen Grenze, Mitte November 1958 ein neues Erdölvorkommen zwischen 1485 und 1508 m Teufe erbohrt. Das Speichergestein liegt im Ordovizium. Die fündige Sonde eruptierte ein Öl guter Qualität in Höhe von vielen Kubikmetern in der Stunde. E.

Erdgas in Transvaal

Bei der Stadt Leslie im östlichen Transvaal, etwa 100 km von Johannesburg entfernt, treten seit 10 Jahren nasse Erdgase auf. Der Wert der jährlich ausströmenden Gasmenge wird auf 75000 £ geschätzt. Es wurde eine Erdgaserkundungsgesellschaft gegründet, die gleichzeitig auch auf Erdöl in diesem Revier schürfen wird. E.

Erdgas in Italien

Unter der Überschrift „Erdgas revolutioniert Energiewirtschaft" bringt die „Zeitung für kommunale Wirtschaft", München, Januar 1959, folgende Mitteilung:

„Gegenwärtig wird das Erdgas in Italien u. a. für Dampfgeneratoren jeder Leistung, für Siemens-Martin-Öfen zur Stahlerzeugung, für Schmelzöfen in der metallurgischen Industrie und in der Glasindustrie, für Porzellan- und Keramik-Brennöfen, für Drehöfen zur Farbstoffherstellung, für Öfen zur Bausteinerzeugung, ferner für die elektrische Stromerzeugung, in der chemischen Industrie und schließlich als Treibstoff für Kraftwagen verwendet. In den großen Industrieunternehmen Fiat, Dalmine, Pirelli, Montecatini, Richard Ginori, Falk u. a. hat es die Kohle und flüssige Kohlenwasserstoffe fast vollständig verdrängt."

Die tägliche Durchschnittsförderung beträgt etwa 14,4 Mio m^3. Obwohl 7 Millionen italienischer Familien auf Gas warten und die Gaswerke nur 10% des geförderten Erdgases erhalten, ist in letzter Zeit die Förderung nicht gestiegen.

Es wird aus böswilligen Quellen behauptet, daß die Erdgasvorkommen im Gebiet des Po bald erschöpft sein würden. In Wirklichkeit dürfte entgegen gewissen Pressemeldungen die Situation so sein, daß die Leitung der Italienischen Staatlichen Erdöl- und Erdgas-Gesellschaft sich jetzt mehr auf die Erkundung im Iran, in Marokko und anderen Ländern konzentriert hat. Wie es für den Imperialismus typisch ist, werden bei solcher Entwicklung die Vorkommen im eigenen Lande vernachlässigt. Hierin dürfte die Ursache liegen, daß die Produktivität der norditalienischen Erdgassonden nicht mehr in dem gleichen Maße gestiegen ist wie in den Vorjahren. E.

Uransuche in Bayern

Die geologischen Erkundungsarbeiten auf Uranerze in Bayern werden auch 1959 fortgesetzt. 1958 wurden vor allem das ostbayrische Granit- und Gneisgebiet sowie Teile von Mittel-, Ober- und Unterfranken erkundet. Eine Gewinnung der festgestellten Uranerzvorräte, deren Gehalte an mehreren Stellen 0,1 bis 0,2% U_3O_8 betragen, ist vorerst nicht vorgesehen. —ul—

Uran bei Ellweiler

Nach neueren Informationen über das bereits im Heft 5/1958 der „Zeitschrift f. angewandte Geologie" (S. 255, „Uranfunde an der Saar") erwähnte Uranerzvorkommen bei Birkenfeld-Ellweiler (Rheinland-Pfalz) handelt es sich um das aussichtsreichste Uranerzvorkommen Westdeutschlands. 1957 wurden in diesem Gebiet 62 Bohrungen niedergebracht. Die Urangehalte im Quarzporphyr wechseln sowohl in vertikaler wie auch in horizontaler Richtung stark. Größere Urananreicherungen wurden auf Grund der Bohrergebnisse nur auf einem eng begrenzten Raum bis etwa 20 m Tiefe festgestellt. Bisher konnte nur ein bauwürdiger Vorrat von 70000 Tonnen Erz berechnet werden. Die Gehalte an U_3O_8 liegen bei durchschnittlich 0,15%. Die erste westdeutsche Uranverarbeitungsanlage bei Ellweiler, deren Bau im Februar 1959 begonnen werden sollte, liegt etwa 3 km von der Lagerstätte entfernt. —ul—

Uran in Frankreich

Durch planmäßige geologische Untersuchungen wurden in Frankreich mehrere Uranerzlagerstätten entdeckt. Der erste Förderschacht wurde bereits im Juli 1950 bei La Crouzille in Limousin in Betrieb genommen. Seitdem wird in weiteren vier Erzdistrikten Abbau durchgeführt, und zwar in Saône-et-Loire, La Crouzille (Haute-Vienne), Mortagne (Vendée) und Le Forez bei Saint-Priest-La-Prugne (Loire). —ul—

Tiefste Erzgrube Westeuropas

Anfang Januar 1959 begann die Förderung auf der 1270-m-Sohle der Spateisensteingrube „Pfannenberg" im Siegerland. Damit ist diese Grube die tiefste Erzgrube Westeuropas. Pfannenberg fördert monatlich 18000 t Erz bei einer Belegschaft von 700 Mann. Die gesamte monatliche Förderung des Siegerländer Erzbergbaus liegt bei etwa 120000 t. 70% davon gehen in die Hütten des Ruhrgebietes. E.

Eisenerz in Spanien

Nach neueren Schätzungen spanischer Geologen betragen die Eisenerzvorräte Spaniens 868 Millionen t (sicher) und 2433 Millionen t (wahrscheinlich). Das spanische Bergamt rechnet mit rund 1 Milliarde t an sicheren Eisenerzvorräten, davon entfallen u. a. auf die Lagerstätten in Nordwest-Spanien 592 Mio t, Teruel 115 Mio t und Murcia-Valencia 107 Mio t. Die Gehalte werden mit 40—50% Fe angegeben.

Die jährliche Eisenerzförderung stieg von 2,7 Millionen t im Jahre 1953 auf 5,2 Millionen t im Jahre 1957. Im Jahre 1958 ging die Förderung im Hinblick auf die Weltmarktlage auf 4,8 Millionen t zurück. Bei der sich immer mehr vertiefenden Krise in der spanischen Wirtschaft wird mit einem weiteren Absinken der Eisenerzförderung gerechnet. —ul—

Aus dem brasilianischen „Eisernen Viereck"

Im Staat Minas Gerais, etwa 500 km nördlich von Rio de Janeiro, treten in einem Gebiet von 6500 m^2, dem sogenannten „Eisernen Viereck", das vom Rio Doce durchflossen wird und in dem die Bezirksstadt Belo Horizonte liegt, große Eisenerzlagerstätten auf.

Die Brasilianer halten die Vorräte dieses Eisenerzgebietes für die bedeutendsten der Welt. Sie stützen sich dabei auf eine UN-Schätzung aus dem Jahre 1954, in der mit einem Weltvorrat von 85 Mrd. t bei einem Fe-Gehalt von 42 Mrd. t gerechnet worden war. Die brasilianischen Vorräte hatten nach dieser Berechnung 17% der Weltvorräte betragen. Nach neueren Berechnungen des Geological Survey der USA sollen im „Eisernen Viereck" etwa 32 Mrd. t Eisenerz lagern. Trotz dieser gewaltigen Menge erreichte die brasilianische Stahlproduktion nur etwa 1,5 Mio t im Jahr. Die Erzexporte stiegen 1957 auf 2,7 Mio t, das ist etwa 1% des Weltverbrauchs. Man beabsichtigt, in den kommenden 2—3 Jahren den Export auf 6 Mio t zu erhöhen.

Etwa 25 Mrd. t des Gesamtvorrates können im Tagebau abgebaut werden. Das Erz enthält bis 68% Fe, nur 0,04% P sowie Spuren von S. Es kann sowohl im SM-Ofen als auch im Bessemer-Konverter zur Herstellung hochwertiger Stähle eingesetzt werden.

Wegen des Fehlens geeigneter Steinkohlenvorkommen pflanzen die brasilianischen Eisen- und Stahlwerke jährlich bis zu 10 Millionen Eukalyptusbäume an, die innerhalb von 6 Jahren einen Durchmesser von 30 cm erreichen und damit für die Herstellung von Holzkohle verwendbar werden.

Von den brasilianischen Kohlen ist nur die von Santa Catarina verkokbar. Sie hat einen Aschegehalt bis 40% und außerdem stark wechselnde hohe Schwefelgehalte. Man ist daher dazu übergegangen, durch Aufbereitung den Aschegehalt dieser Kokskohlen auf 16% zu senken. Die aufbereitete Kohle wird im Verhältnis 1 : 3 mit Importkohle aus den USA gemischt und dann für die Kokserzeugung eingesetzt. E.

Titanproduktion in den USA

Die US-Produktion von Titanschwammetall im Jahre 1958 wurde vom US-Bergwerksbüro auf 4500 short tons geschätzt und war damit fast um 75% niedriger als im Jahre 1957, in dem sie sich auf 17000 sh. t belief. Von dem Büro wurde darauf hingewiesen, daß um die Mitte des vergangenen Jahres die Produktion von Titanschwamm auf etwa 10% der Industriekapazität gefallen sei, daß sie sich jedoch während des dritten Quartals 1958 wieder erhöht habe. Der Verbrauch von Titanschwammetall wurde für das ganze Jahr 1958 mit rd. 3400 sh. t veranschlagt und betrug damit weniger als die Hälfte der im Jahre 1957 verbrauchten 8200 sh. t. In Verbindung mit diesem Rückgang kam es auch zu einer Abnahme des Rutilverbrauchs. Gleichzeitig ermäßigte sich die Rutilproduktion in den USA um rd. 12% auf schätzungsweise 9400 sh. t. Die Rutilimporte gingen sogar noch schärfer auf 26000 sh. t zurück und waren damit um 30% geringer als im Jahre 1957. E.

Kanadische Eisenerzförderung (in Mio metr. t)

Jahr	Förderung	Einfuhr	Ausfuhr
1947	1,7	3,6	1,6
1949	3,4	2,3	2,3
1951	4,2	3,5	2,9
1953	5,9	3,7	4,4
1955	14,7	4,1	13,2
1956	20,3	4,6	18,4
1957	20,2	4,2	18,3

E.

Eisenerz/Angola

Eine portugiesische Gesellschaft wird in nächster Zeit mit der Ausbeutung der Eisenerzvorkommen ungefähr 150 km nordöstlich Luanda beginnen. —z—

Kupfer in Polen

Durch die geologischen Erkundungsarbeiten in den Jahren 1957 und 1958 wurden im Bereich Sieroszowice-Lubin (Wojewodschaft Wroclaw) bauwürdige Kupferschiefervorräte nachgewiesen. Die prognostischen Vorräte werden auf etwa 10 Millionen t Kupfer geschätzt. Zur Ausbeute dieser Lagerstätten wird gegenwärtig in Legnica eine Kupferhütte gebaut, deren jährliche Schmelzkapazität vorerst 12500 t Kupfer betragen wird. Neben Kupfer ist die Gewinnung von Blei, Zink, Selen und Silber vorgesehen. In der Perspektive ist eine Kupferproduktion von 50000 t jährlich geplant. —ul—

Zinnexport aus Malaya

1958 wurden 45814 t Zinn aus Malaya exportiert. Das ist der niedrigste Stand seit mehr als 10 Jahren. 1957 waren noch 70604 t exportiert worden. E.

Kupferproduktion in Chile

Die gesamte Kupferproduktion Chiles betrug 1958 418931 metr. t. E.

Bauprojekte zur wirtschaftlichen Entwicklung des syrischen Teiles der VAR

Einem Bericht der Vereinten Nationen sind folgende Angaben über die wirtschaftlichen Entwicklungspläne Syriens zu entnehmen:

Von allen Plänen, die gegenwärtig in Syrien zur Ausführung stehen, ist das sog. „Ghabprogramm" das wichtigste. Im westlichen Teil Syriens, in den Ebenen von Acharne und Ghab, die vom Orontes durchflossen werden, sind auf einer Fläche von 83000 ha umfangreiche Be- und Entwässerungsarbeiten, der Bau von Staudämmen zur Kontrolle des Hochwassers, die Erzeugung von Elektroenergie, die Errichtung eines Straßennetzes und der Aufbau einer modernen Landwirtschaft mit Möglichkeiten zur Fischzucht geplant. Die Gesamtkosten des Projektes belaufen sich auf ca. 140 Mill. syrische Pfund.

In der ersten Etappe mußten die umfangreichen Sumpfgebiete in der Ghab-Ebene (ca. 35000 ha) entwässert werden, die auf nichterfaßte Quellen und eine ungenügende Abflußmöglichkeit des Orontes (geringes Gefälle und zusätzliche Stauung des Flußwassers durch eine Basaltschwelle im Norden) zurückzuführen sind. Zur Trockenlegung und Nutzbarmachung der Ebenen von Ghab und Acharne waren vorerst die Beseitigung der Basaltschwelle flußabwärts, eine Erweiterung, Vertiefung und Begradigung des Flußlaufes und der Bau von Kanälen zur Erhöhung der Abflußmöglichkeiten notwendig. Neben einer Entwässerung der umfangreichen Sumpfgebiete ist auch an eine Bewässerung der Trockengebiete in den Ebenen von Ghab und Acharne gedacht. Dafür ist der Bau von 2 Talsperren (Staumauer von Mardha — Länge 200 m, Höhe 35 m, Stauraum 68 Mill. m³; Staudamm von Rastane — Länge 400 m, Höhe 56 m und Stauraum 200 Mill. m³) vorgesehen, die neben der Verminderung der Hochwassergefahr, vor allem der Bewässerung in der Trockenzeit dienen sollen.

Weiterhin ist der Ausbau eines Straßennetzes von 710 km Länge geplant.

Nach Beendigung der Arbeiten zur wirtschaftlichen Erschließung der Ebenen von Ghab und Acharne wird es möglich sein, zusätzlich 100000 Menschen dort anzusiedeln und die Nettoerträge aus der landwirtschaftlichen Produktion um 50% zu erhöhen.

Am Khabour-Fluß und seinem wichtigsten Nebenfluß, dem Jagjag, die eines der fruchtbarsten Gebiete im westlichen Teil Syriens durchfließen, waren im Laufe der Zeit häufig Bewässerungspläne entwickelt und durchgeführt worden. Davon zeugen ungefähr 90 Staudämme, die teilweise noch aus der Römerzeit stammen. Nach den neuesten Projekten (Bewässerungskanäle und einige kleinere Staudämme) können in diesem Gebiet ca. 100000 ha Land zusätzlich bewässert und damit für die Landwirtschaft nutzbar gemacht werden.

Der Euphrat, der etwa 85% der Syrien zufließenden Wassermenge darstellt, bietet große Möglichkeiten für ein umfangreiches Bewässerungsprogramm. Im Euphrattal werden gegenwärtig ca. 150000 ha Land mittels Pumpen bewässert. Nach der Regulierung des Flußlaufes und dem Bau von Kanälen können zusätzlich 250000 ha Land bewässert werden.

Weitere Pläne der Regierung der VAR zur Regulierung der Flußläufe und damit landwirtschaftlichen Erschließung großer Gebiete sind die Trockenlegung der Sümpfe bei Rouj (5400 ha), die Errichtung eines Bewässerungsnetzes im Jarmuktal (5400 ha) und im Baradatal im südöstlichen Teil Syriens nahe Damaskus (15000 ha) usw. Außerdem ist der Bau einer Staatlichen Erdöl-Raffinerie im Gebiet von Homs beabsichtigt. G. SCHULZE

Neues Tunnelbauverfahren in Westdeutschland

Der Bau der drei Eisenbahntunnel, die durch die Errichtung der Biggetalsperre zwischen Olpe und Attendorn notwendig werden, soll zum ersten Mal in Deutschland durch ein in Österreich entwickeltes Spritzbetonverfahren beschleunigt werden. Bei diesem Verfahren wird das über einem Sohlenstollen freigesprengte Tunnelprofil mit einer dünnen Betonschicht versehen, die das Abstützen des Gebirges bis zum endgültigen Ausbau entbehrlich macht. Durch eine Kupferisolierung soll außerdem erreicht werden, daß die Tunnel vor Wasser geschützt werden. Die Gesamtkosten für das Projekt betragen etwa 60 Millionen DM. —z—

Stausee am Sambesi

Ende Dezember 1958 wurde die große Sperrmauer des Sambesi bei Kariba (Rhodesien) geschlossen. Der Damm liegt 500 km östlich der Viktoriafälle an der Grenze von Nord- und Süd-Rhodesien in einem Granitgebiet. Er hat eine Länge von 500 m, eine Höhe von 130 m und ist an seiner Basis 27 m breit. Während der Trockenzeit (Juni bis Dezember) führt der Sambesi durchschnittlich etwa 460 m³/sec, in der Regenzeit (Januar bis Mai) 6000 m³/sec mit Hochwasserspitzen von 12000 m³/sec und mehr. Der Staudamm wird die Wasserführung des Sambesi unterhalb des Dammes auf den konstanten Wert von 1200 m³/sec bringen.

Es beginnt sich nunmehr der Stausee, dessen Länge auf etwa 250 km berechnet ist, der 5200 km² bedecken und etwa 120 Milliarden m³ Stauwasser umfassen wird, aufzufüllen. Das im Bau befindliche Wasserkraftwerk wird ab 1961 die gesamte Föderation von Rhodesien und Njassaland mit elektrischem Strom versorgen. Der endgültige Ausbau der gesamten Anlage wird 1970 vollendet sein, die Stromerzeugung wird dann 8 Mrd kWh jährlich betragen. E.

Facharbeiterzuwachs in der sowjetischen Volkswirtschaft

Die durchschnittliche Gesamtzahl der in der Volkswirtschaft der UdSSR beschäftigten Arbeiter und Angestellten betrug im Jahre 1958 etwa 54,6 Millionen und hat innerhalb eines Jahres um 1,4 Millionen zugenommen. Rund 650000 junge qualifizierte Arbeiter kamen von Fachschulen und anderen Lehranstalten. Die Zahl der in der Volkswirtschaft tätigen Spezialisten mit Hochschulbildung und mittlerer Fachschulbildung vergrößerte sich im Laufe des Jahres um 10% und betrug Ende 1958 etwa 7,5 Millionen. E.

In den nächsten Heften

der

Zeitschrift für angewandte Geologie

erscheinen u. a. folgende Beiträge:

W. I. SMIRNOW: Über regenerierte Erzlagerstätten

G. SAGER: Landgewinnungsarbeiten der Holländer in Gegenwart und Zukunft

G. REH: Geologische Auswertung der Erkundungsergebnisse für die mineralische Rohstoffbasis der Sodafabrik Buchenau (Werra)

O. OELSNER: Zur Frage der sekundär-hydrothermalen und regenerierten Lagerstätten im Sinne SCHNEIDERHÖHNS

C. VARČEK: Zum Problem der regenerierten Lagerstätten in den Westkarpaten

H. BARTZSCH: Über die Anwendungsmöglichkeiten der Funkortung unter Tage

I. O. BROD: Über Vererbungen und Neubildungen in der Geologie

M. LEHMANN: Die erdmagnetische Vermessung in Nordwestsachsen

W. JUNG: Die Basispartien des Mittleren Buntsandsteins im Bereich der Meßtischblätter Allstedt, Artern, Sangerhausen und Ziegelroda

M. SPELTER: Bemerkungen zu den hydrogeologischen Verhältnissen im Raum Borna

A. HULTZSCH: Fossile Frostbodenformen im miozänen Glassand von Hohenbocka

R. KÖHLER & A. THOMAS: Vorläufer moderner Baugrundkarten

K. KAUTER: Aktualismus — eine unewige Wahrheit der Geologie

L. A. POLSTER & R. S. BESBORODOW: Über die Methodik der systematischen Gestaltung der Unterlagen für paläogeographische Karten

Autorenkollektiv: Zur Methodik der paläotektonischen Analyse

W. B. NEUMANN: Über einige neue Methoden der paläotektonischen Analyse in Tafelgebieten

K. DETTE: Tonvorkommen in Nordalbanien

R. WIENHOLZ: Die Entwicklung Westmecklenburgs vom Keuper bis zur Unterkreide

H. PFEIFFER: Der Oertelsbruch bei Lehesten, eine lagerstättenkundliche Studie

R. KRAJEWSKI: Über die Untersuchungen der Variationskoeffizienten polnischer Erzlagerstätten

F. WEGERT: Zu den Erdölressourcen der UdSSR

A. DABROWSKI: Der Bau des tieferen Untergrundes Westpolens im Lichte der geophysikalischen Untersuchungsergebnisse

K. J. KLENGEL: Der derzeitige Stand des Frostproblems im Straßenbau

A. GIESSLER: Wasser- und Erdölprospektierung

Bisher erschienene oder in Vorbereitung befindliche

Beihefte zur Zeitschrift GEOLOGIE

Heft 10: Prof. Dr. KURD v. BÜLOW
Allgemeine Küstendynamik und Küstenschutz an der südlichen Ostsee zwischen Trave und Swine
1954. 88 Seiten — 34 Abbildungen — 4 Tafeln — 17 × 24 cm — DM 6,—

Heft 11: HEINZ PFEIFFER
Der Bohlen bei Saalfeld/Thüringen
1954. 88 Seiten — 9 Tafeln — 17 × 24 cm — DM 6,—

Heft 12: Dr. HELMUTH ZAPFE
Beiträge zur Erklärung der Entstehung von Knochenlagerstätten in Karstspalten und Höhlen
1954. 60 Seiten — 12 Abbildungen — 17 × 24 cm — DM 4,25

Heft 13: Dr. RUDOLF DABER
Pflanzengeographische Besonderheiten der Karbonflora des Zwickau-Lugauer Steinkohlenreviers
1955. 45 Seiten einschließlich 25 Tafeln — 6 Abbildungen — 17 × 24 cm — DM 6,—

Heft 14: Dr. GERHARD LUDWIG
Neue Ergebnisse der Schwermineral-Kornanalyse im Oberkarbon und Rotliegenden des südlichen und östlichen Harzvorlandes
1955. 76 Seiten — 6 Abbildungen — 1 Karte — 10 Tabellen — 17 × 24 cm — DM 6,—

Heft 15: Prof. Dr. KARL KEIL
Die Genesis der Blei-Zinklagerstätten von Oberschlesien (Gorny Slask, Polen)
1956. 63 Seiten — 27 Abbildungen — 17 × 24 cm DM 4,80

Heft 16: PETER ENGERT
Beiträge zur Stratigraphie und Tektonik des Elbtalschiefergebirges
1956. 72 Seiten — 6 Figuren — 16 Abbildungen — 3 Tafeln — 17 × 24 cm — DM 6,—

Heft 17: Dr. ERNST HAMEISTER
Die geologische Entwicklung der Buckower Pforte (ein Beitrag zur jüngeren Talgeschichte Norddeutschlands)
1957. 46 Seiten — 25 Abbildungen — 17 × 24 cm DM 6,20

Heft 18: EWALD v. HOYNINGEN-HUENE
Die Texturen der subsalinaren Anhydrite im Harzvorland und ihre stratigraphische und fazielle Bedeutung
1957. 47 Seiten — 5 Abbildungen — 9 Tafeln — 17 × 24 cm — DM 6,50

Heft 19: Dr. RUDOLF DABER
Parallelisierung der Flöze des Zwickauer und des Lugau-Oelsnitzer Steinkohlenreviers auf Grund paläobotanischer Untersuchungen
1957. 64 Seiten — 11 Abbildungen — 5 Bildtafeln, 2 Einschlagtafeln — 17 × 24 cm — DM 9,80

Heft 20: Dr. ULRICH JUX & Dr. HANS D. PFLUG
Über Aufbau und Altersgliederung des Rheinischen Braunkohlenbeckens
1958. 48 Seiten — 11 Abbildungen — 17 × 24 cm — DM 8,20

Heft 21/22: Dr. WINFRIED KRUTZSCH
Mikropaläontologische (sporenpaläontologische) Untersuchungen in der Braunkohle des Geiseltales — in Vorbereitung

Heft 23: Dr. HANS HETZER
Feinstratigraphie, Sedimentationsverhältnisse und Paläogeographie des höheren Ordoviciums am Südostrand des Schwarzburger Sattels
1958. 96 Seiten — 10 Abbildungen — 11 Tafeln — 17 × 24 cm — DM 9,80

Heft 24: Dr. WOLFGANG JUNG
Zur Feinstratigraphie der Werraanhydrite (Zechstein 1) im Bereich der Sangerhäuser und Mansfelder Mulde
1958. 88 Seiten — 10 Abbildungen — 13 Tafeln — 17 × 24 cm — DM 9,80

Heft 25: Prof. Dr. EHRHARD VOIGT:
Revision der von F. v. Hagenow 1839—1850 aus der Schreibkreide von Rügen veröffentlichten Bryozoen — in Vorbereitung

Heft 26: Dr. RUDOLF DABER
Die Mittel-Visé-Flora der Tiefbohrungen von Doberlug-Kirchhain — in Vorbereitung

Bestellungen einzelner Hefte oder zur Fortsetzung durch eine Buchhandlung erbeten

AKADEMIE-VERLAG · BERLIN

GEOLOGIE

Zeitschrift für das Gesamtgebiet der Geologie und Mineralogie sowie der angewandten Geologie

Herausgegeben von der Staatlichen Geologischen Kommission der Deutschen Demokratischen Republik

Die Zeitschrift bringt Beiträge aus allen Gebieten der geologischen Wissenschaften. Sie wendet sich an den Mineralogen, Petrographen, Lagerstättenkundler und Paläontologen ebenso wie an den Geophysiker, Geochemiker, Hydrogeologen und Ingenieurgeologen. Bekannte Fachgelehrte aus der DDR, aus Westdeutschland und unseren Nachbarländern sind ständige Mitarbeiter der GEOLOGIE.

Dem Redaktionskollegium gehören an: Prof. Dr. Dr. E. h. v. BUBNOFF Prof. Dr. BUCHHEIM, Prof. Dr. DEUBEL, Dr. DABER, Prof. Dr. KAUTZSCH, Prof. Dr. LAUTERBACH, Prof. Dr. OELSNER, Prof. Dr. SCHÜLLER. Die Chefredaktion liegt in Händen von Prof. Dr. PIETZSCH.

In Jahrgang 8 (1959) wurden u. a. folgende Arbeiten veröffentlicht:

Heft 2

Autorenkollektiv	Die Verbreitung des Löß in den Provinzen Shansi und Shensi (Gebiete des mittleren Hoangho, China)
H.-J. BAUTSCH	Über die Genese des Asbestes von Klettigshammer (Thüringen)
G. FREYER & K.-A. TRÖGER	Über Phosphoritknollen im vogtländisch-ostthüringischen Silur
E. NAUMANN	Über einige Grenz-Profile in der Trias bei Jena, Gotha und Göttingen
R. HOHL	Ein Interglazialfund bei Döbeln/Sa.
A. LUDWIG	Limnisches und marines Interglazial nördlich Saßnitz
S. v. BUBNOFF	Die tektonischen Phasen und der Charakter der Deformationsvorgänge der Erde

Heft 3

A. H. MÜLLER	Weitere Beiträge zur Ichnologie, Stratinomie und Ökologie der germanischen Trias (Teil II)
H. PFEIFFER	Neue Beobachtungen und Funde aus dem Saalfelder Oberdevon
K. HOEHNE	Grundsätzliche Erkenntnisse über die Tonsteinbildung in Kohlenflözen und neue Tonsteinvorkommen in Ost-USA, Westkanada und Nordmexiko
M. KRAFT	Die Ausscheidungsfolge der Erzmineralien auf der Lagerstätte Freiberg/Brand in Abhängigkeit von der Gitterenergie
Autorenreferate der 1957/58 am	Geologisch-Paläontologischen Institut der Humboldt-Universität Berlin ausgeführten Diplomarbeiten

In den nächsten Heften erscheinen u. a. folgende Beiträge:

R. KRÁL	Quecksilberhaltige Fahlerze aus Rudnany (Ost-Slowakei)
G. SCHWAB	Beitrag zur Tektonik des Görlitzer Schiefergebirges, kleintektonische Untersuchungen in den Quarziten der Hohen Dubrau und des Quarzitwerkes Sproitz bei Niesky (Oberlausitz)
D. NĚMEC	Das Quarzgefüge im Moravikum und im benachbarten Moldanubikum Westmährens
J. OBRHEL	Ein Pflanzenfund im mittelböhmischen Ordovizium
G. HIRSCHMANN	Beitrag zur Kenntnis von prävariskischem Magmatismus und Metamorphose im SW-Abschnitt des Schwarzburger Sattels (Thüringen)
H. PFEIFFER	Über *Dictyodora liebeana* (WEISS)
M. REICHSTEIN	Das Devon der Metamorphen Zone bei Wahlbeck
CHANG WEN-YOU	Grundzüge der geologischen Struktur und Entwicklung Chinas
P. BAKALOV	Ein neuer Fund von *Mastodon pentelicus* GAUDRY & LARTET
G. HOPPE	Die Schwermineralien der tertiären Sande des Geiselstales
A. SCHÜLLER	Magmatismus und Metamorphose des Sinian

Die Zeitschrift GEOLOGIE erscheint achtmal im Jahr. Der Preis beträgt bei einem Format von 17 × 24 cm je Heft DM 4,—, Doppelheft DM 8,—.

Bestellungen durch eine Buchhandlung erbeten

A K A D E M I E - V E R L A G · B E R L I N

FSC
www.fsc.org
MIX
Papier | Fördert gute Waldnutzung
FSC® C083411

Zeitfracht Medien GmbH
Ferdinand-Jühlke-Straße 7
99095 Erfurt, Deutschland
produktsicherheit@kolibri360.de